破圈成长

王安琪（Angela） 著

愿你脱胎换骨，活出超燃人生

中国经济出版社
CHINA ECONOMIC PUBLISHING HOUSE
·北京·

图书在版编目（CIP）数据

破圈成长：愿你脱胎换骨，活出超燃人生 / 王安琪
著. -- 北京：中国经济出版社，2024.8
ISBN 978-7-5136-7769-1

Ⅰ.①破… Ⅱ.①王… Ⅲ.①成功心理-通俗读物
Ⅳ.①B848.4-49

中国国家版本馆 CIP 数据核字（2024）第 095025 号

责任编辑	王　帅
责任印制	马小宾
封面设计	源画设计

出版发行	中国经济出版社
印 刷 者	三河市万龙印装有限公司
经 销 者	各地新华书店
开　　本	880mm×1230mm　1/32
印　　张	7.75
字　　数	132千字
版　　次	2024年8月第1版
印　　次	2024年8月第1次
定　　价	52.80元

广告经营许可证　京西工商广字第8179号

中国经济出版社 网址www.economyph.com 社址 北京市东城区安定门外大街58号 邮编100011
本版图书如存在印装质量问题，请与本社销售中心联系调换（联系电话：010-57512564）

版权所有　盗版必究（举报电话：010-57512600）
国家版权局反盗版举报中心（举报电话：12390）　　服务热线：010-57512564

序言

小镇姑娘如何把普通牌打到极致？

我特别认同罗翔说过的一句话：人生就像打牌，我们没有人能够一直拿到好牌。因为发牌的是上帝，不管是什么样子的牌，你都必须拿着，你能做到的，就是尽你的全力打好手里的牌。

如果你和我一样，拿到了一副普通牌，甚至更不幸，一出生就是烂牌一副，该如何翻身？

先说说我的经历吧。坦白地说，我的人生经历就是在生动地诠释如何打好一副普通牌。虽然我还算幸运，没有一出生就拿到烂牌，但熟悉我的读者都知道，我是一个原生家庭特别普通的小镇姑娘，家里条件很一般。因为在城里工作的父母太忙，无暇照顾我，从小我就一直与爷爷奶奶在皖北的一个小乡村生活，算是实打实的农家娃，小学也是在农村读完的。

直到上初中我考入了重点中学才来到小县城，在这里一直读完高中。老家小县城的中学虽然名气不是很大，但是学校的学习氛围浓厚，大家都拼着一股劲儿想考上大学，去外面的世界看一看，最终我也如愿考上了省内的一所二本院校，就读英语专业。

从小县城来到了大城市读大学，算是我人生阶段跨越的第一步。大学四年我继续努力学习，年年都能拿到一等奖学金，其间还争取到了大学组织的去北京交换游学的机会，视野开阔了，因此自我期望和要求也就相应提高了。

毕业那年，我凭借漂亮的成绩单在上海一所市重点中学找到了一份让很多同学羡慕的高中英语教师的工作，但我依然心有不甘，觉得自己的潜力并不止于眼前这一份稳定的编制内工作。我在大四找工作的同时，也准备了心目中的高校"天花板"——外交学院的研究生考试，并最终顺利以专业第一名的成绩入读该校，成为国际关系专业的一名研究生。

就这样，一步一步，凭借高考和读大学的机会，我终于从北方一个偏僻的小县城来到了北京继续深造；研究生毕业后顺利进入北京一家国字头媒体做中英双语记者；工作两年后，因

序言

为英语能力出色，又获得一家美国跨国企业在新加坡的工作机会；而后和先生一起移居海外至今，成功实现从小镇姑娘到海外生活旅行家的人生逆袭。

如今，十几年过去了，我和先生在新加坡、中国香港、日本、澳大利亚等多个地方游历和工作，积累了丰富的海外生活与职业经验，在异国他乡白手起家，事业与生活都小有成就并儿女双全。目前我与先生定居在澳大利亚悉尼，生活安稳幸福。

我常常听到很多人在讨论摆脱原生家庭影响的话题，我的故事可以告诉你，原生家庭虽然可以影响一个人的前半生，但后半生通过自己的努力完全可以跳出那个让你觉得被限制和禁锢的环境，往后的路怎么走，应该由你自己决定。

不好的原生家庭只会影响你一阵子，别让它决定你的一辈子。

当你认识到自己的原生家庭条件有限，甚至可能成为一种阻力时，就不要任由它摆布，而是努力去修正、扭转它，即使不能完全消除，也要将其影响降到最低。

我的好朋友朱朱是一位曾经被原生家庭拖累的姑娘。若论起身世，她的童年简直可以用悲惨来形容。她的父亲是个酒鬼，情绪不稳定，喝醉了就家暴她和妈妈。在朱朱6岁的时候，朱妈妈改嫁过一次，但那个继父认为朱朱是个拖油瓶，对她很不好。朱妈妈无奈只好再次离婚，不再依靠别人，一个人四处辛苦打工抚养朱朱，供她读书。

不幸的是，朱朱高二那一年，朱妈妈因为积劳成疾患病离世，朱朱只好借住在舅舅家。好在舅舅、舅妈及表姐都对她很和善，支持她继续读书考大学。朱朱很争气，考上了北京一所211院校。

走出了童年阴霾的朱朱，后面的经历就和我有颇多相似之处了。她也是一直努力读书，从来没有放弃通过读书改变自己命运的机会。大学毕业工作一年后，朱朱对当时的工作环境不甚满意，就一边工作一边报考了在职研究生，后来通过考试选拔顺利入职了北京一家收入和待遇都很不错的央字头机关，并在工作中遇到了如今的丈夫，之后两人结婚生子，现在一家三口无论是精神层面还是物质层面，都很美满富足。

我和朱朱都不是一出生就拿到了漂亮牌的孩子，都是小地方出身，靠自己的努力才一步步走了出来。但是，不管手里的牌有多普通，我们从来没有自怨自艾，也一直没有放弃成长，只是尽力将手里的牌打好、打到极致，通过逐步实现的阶层跃升改变自己的命运。

所以，当你的家庭和人脉都不是太好时，那么"破圈成长"就是你的当务之急。长大之后我回头看，发现我和家乡的那些

序言

高中没毕业就辍学打工的小伙伴们比起来，其实是走了截然不同的道路。我也更加意识到，自己是多么幸运能够一直得到父母的支持，他们知道知识改变命运的重要性，能够支持我考大学，这不仅仅改变了我，甚至改变了我们家族的命运。

如果你和曾经的我一样，是一个对现状不满却又条件普通的人，那么你应该做一个打牌高手，把人生当作一个"破圈"游戏：从舒适圈到恐惧圈，再到学习圈、成长圈，一层一层突破自己，逐步和过去的自己与环境拉开人生差距。

只有不断"破圈"，提升认知和思维方式，不断升级大脑，才能保持我们的思想和状态一直向上生长，我们的人生之路才能越走越宽。

如今的我，人到中年，越发清醒：上天给我什么，我就享受什么；上天拿走什么，我就接受什么。剩下的，我认为重要的，不会再瞻前顾后，靠自己争取就是。作为一个敢于自我负责的成年人，无论我们的环境多么不如意，所要做的就是从困境中蜕变出来，完成自我救赎，与过去和解，走向更远、更广阔的天地。

亲爱的读者，说了这么多，我只是希望，本人的这些经历，以及我在书中呈现的各种各样身边人的真实故事，能够给你些许启发，无论发生了什么，我们都要不抱怨、不纠缠，而是一直向前看。

目 录

第1章
所谓的成长，就是不断认知升级

002　真正的成长，就是过好当下每一天
007　深夜只适合思考，不适合做决定
012　不内耗的人，都有几个特点
019　你要大城市的一张床，还是小县城的一套房？
025　所谓的成长，就是不断地认知升级
034　忙碌，是世界上最便宜的药
041　人生最应该避免的三件事
049　优秀的人，都有相似之处

第 2 章

我变得不好惹以后,职场越走越顺了

058 我的职场"第一桶金":不做老好人,做硬气之人
065 为什么要上名校?这是我听过最好的答案
073 因一句牢骚被开除:那些不抱怨的人,后来怎么样了?
081 年龄越大越发现,玻璃心是最不值钱的东西
086 职场上发展最慢的,是晚熟的人
092 专注力才是自己的核心竞争力,不要关心和自己无关的一切
097 我变得不好惹以后,职场越走越顺了

第3章
你可以不世故，但是不能不懂人情世故

104 学会"幸存者思维"：聪明人从不做无谓的报复，而是掉头离去

109 懂得麻烦别人，你就掌握了社交的部分精髓

117 你可以不世故，但是不能不懂人情世故

127 有趣的人，看起来都很高级

134 平行社交：真诚是最好的"套路"

140 社交断舍离：不动声色远离你，是我最后的体面

145 向上社交：让贵人愿意帮你

第 4 章
爱情最好的模样，是相互滋养

154 "寄居蟹人格"有多可怕？如何远离情感中的 PUA

161 爱情最好的模样，是相互滋养

169 为什么我要劝你做一个"利己主义者"？

177 不要和没有可能的人频繁聊天

184 四个故事告诉你，他其实没那么喜欢你

191 真正厉害的女生，都在用强者思维谈恋爱

197 为何林青霞和山口百惠都不惧老：一个人最好的状态，是不和自己较劲

第5章

物欲无边，你要养成理性消费的习惯

204 "做哪件事可以提升生活品质？""定期扔东西！"
210 避开消费陷阱：什么东西一定要买贵的
216 生活中的经济学：那些可以帮你挣钱的经济学概念
225 物欲无边，消费有度：如何养成理性的消费习惯

第1章

所谓的成长，就是不断认知升级

真正的成长，就是过好当下每一天

表弟毕业三年了，前天他和从国外培训回来的同学聚餐，回来后很是感慨。

"我这个同学，现在真是人生开了挂。"表弟说起他来满是羡慕。

他的同学去年跳槽到现在的德国公司。因为专业能力强，再加上会英语和德语的语言优势，他很快被选拔去总部接受培训，回来后便升了职，薪资也得到大幅提升，毕业第三年，他就进入了职场快车道。

表弟在大学学的是工程类专业，他的这位同学除了学习专业课和英语，还在校外学了德语。

"我那时候不明白他学这个小语种做什么，现在才知道，他

第1章 所谓的成长，就是不断认知升级

真是未雨绸缪，将未来已经规划得一清二楚了。"表弟说。

上大学的时候，这位同学投身于日复一日枯燥的学习中，周末也要早起去上各种课程，而其他大多数同学要么睡懒觉，要么打游戏、谈恋爱。

这位同学虽然也谈恋爱，但他和女朋友的恋爱场所大多是自习室、图书馆，两个人用齐头并进取代了风花雪月。

都是在忙，但忙的内容和品质大不一样。

"我得抓紧了，否则真要被他越甩越远了。"表弟说。

显然，这几年在职场和生活中的酸甜苦辣已经让表弟意识到，人和人即使起点相同，但以后的差距不需要十年八年才能显现出来，一两年就足以见分晓。

说实话，现在你活得好不好，跟你前几年在干什么有很大关系。

※

什么是生活？

如果说"生"是先天的赐予，那么怎么"活"就是自己的选择。

我们先要弄清楚自己想要怎样的生活，以及不想要怎样的生活，然后以终为始树立目标，一步步分解实现。

从当下的每一天开始，从身边的小事情开始，一点点地，不急不躁地努力，并享受整个过程。

活在当下，过好今天，明天才能有所改变。

我的一位前同事W，她入职时是我们那批毕业生中成绩和背景都比较差的一个。她既不是名校毕业，英语专业成绩也刚刚及格，听说是因为她在实习期间表现得特别卖力，被上面的领导看到了，才被破格留下来。

可能是知道自己的基础比较弱，W特别珍惜这份来之不易的工作，所以工作起来非常努力认真。

所有的闲暇时间都能看到她坐在电脑前，要么继续写稿看稿，要么看英文原版报纸杂志。

有一次我走过去，看到她正在翻一篇几年前的新闻稿。

"这是咱们组几年前获奖的一篇稿子，我从资料库里找出来学习一下，"她说，"你知道我的基础差，不恶补根本跟不上你们。"

说完，她又埋头看稿了，一边看还一边在本子上做笔记。

我看到她厚厚的本子上有各种颜色的笔迹，密密麻麻的，用心程度可见一斑。

慢慢地，W的新闻采访稿写得越来越专业，出稿率从原来的末位渐渐跃居小组第一。她被委派的工作也越来越多、越来越重要。

第1章 所谓的成长,就是不断认知升级

有一次说起W亮眼的成绩,当时以专业前三名考进来的另一位同事颇有不满:"真是奇怪了,她这是偷偷下了什么功夫,怎么变化那么大呢?"

托尔斯泰在《战争与和平》一书中说过这样一句话:"时间和耐心,是世间最强大的两个勇士。"

在时间面前,耐心才是真正的励志利器,不仅可以见证一个人的努力,更可以成就一个人的努力。

几年后,W从这家媒体离职,去了一家大型国企做与外事相关的工作,第一份工作积累的经验和知识,让她工作起来很是得心应手,很快她就进入了管理层,手下管着好几个要职部门。

每一个未来都是由一个个现在组成的。要想五年、十年后不后悔,那么现在就踏踏实实地制订计划并具体执行。

真正的成长,就是过好当下每一天。

※

早在1897年,意大利经济学者巴莱多就发现了人类社会中的一种规律,即社会上20%的人占有80%的财富,大部分的财富流向了少数人手里。

后人进一步研究发现,这些20%的富人中最明显的特征是

除了会把握机会、目标明确,还有一个共同特点,就是可以重复做简单的事情,哪怕是枯燥的,也往往能坚持到底。

我们常常说,要"活在当下",到底什么叫作"当下"?

简单地说,"当下"指的是你现在正在做的事、生活的地方、周围一起工作和生活的人。

"活在当下"就是要把你关注的焦点集中在这些人、事、物上面,全心全意地投入、接纳、体验这一切。

但现实中,很多人无法专注于现在,他们总是心不在焉,幻想着明天、明年,甚至遥不可及的未来。

这样的人虽然在生活,却活得匆忙而凌乱,无论是吃饭、走路、睡觉,还是娱乐、工作都没有耐性,总是急着赶赴下一个目标。

明明可以在当下享受小确幸,却总是想着远方,期盼着未来会如何不一样,把当下过成了凑合和应付。

不把当下过好,何谈诗与远方?

我们只有承受当下生活中平凡的每一天,才能成就未来生命的伟大。

生命就是正在进行时,过好了今天,明天必然不会太糟糕。

第1章 所谓的成长，就是不断认知升级

深夜只适合思考，不适合做决定

小姐妹萱萱前段时间和男朋友分手了。她说谈这段感情是自己做得最不清醒的决定。听萱萱说，他是一个很不靠谱的男人，游手好闲不上进，而且两个人的性格和各方面条件都不匹配，也没有多少共同话题，那么萱萱为什么会看上对方呢？

萱萱的外貌、工作和家庭条件都非常好，追她的男人很多，但她眼光高，一般的男人难入其眼。前男友虽然各方面都平平无奇，但是能够获得她的芳心，起因就是萱萱在一次情绪低落的时候，男人约她聊天，两个人聊了整整一宿，越聊越热络。萱萱一时头脑发热，就接受了男人的表白，第二天两个人就确定了恋爱关系。

但是相处几个月之后，萱萱发现他们的确不合适，于是快刀斩乱麻，果断放弃了这段感情。

村上春树说过：夜晚的人不清醒。那些晚上做过的事、说

过的话,第二天都应该忘记。

人到了晚上,尤其是夜深人静的时候,不管是身体还是大脑都处于最放松的状态,疲惫而且敏感,容易情绪化,做出的决定就容易草率冒进,不理性。

所以,千万不要在晚上做决定。夜深人静的时候,冲动的话别轻易说,因为天亮后回想起来,你会尴尬得脚指头能抠出一栋楼。朋友圈也别乱发,因为第二天醒过来,你会一边骂自己,一边赶紧将其删除。

深夜就是睡觉的时间,做点放松休闲的事情,而不是做决定。

这个结论是有事实依据的,先说两个有意思的现象。

为什么"双十一"是在零点开抢

"双十一""双十二"等各种网上购物节,都是在深夜开抢。为什么呢?

因为在晚上人会比较感性,没有自制力,做的决定容易冲动。我们的大脑前额叶皮层是行为系统的控制中心,负责记忆、判断、分析、思考、控制情感等,被誉为"脑中之脑"。到了晚

第1章 所谓的成长，就是不断认知升级

上，忙碌了一天的我们这时前额叶功能减弱，理性思考能力降低，对情绪的控制能力也随之下降，于是情感容易战胜理智，人们更容易做出冲动的、不理性的决策。比如，喝酒放纵自己，或者在网上购买一大堆没用的东西。

看到过一组数据，结论是深夜11点到凌晨1点，往往是年轻人网购最活跃的时间，此时的下单转化率最高，他们也最容易冲动消费。

警察为什么喜欢深夜审讯犯人

还有一个事实。经过了一整天的工作劳累，人的大脑在夜晚会疲惫，心理防线更容易被攻破，难以做出正确的判断。

比如，警察审讯往往会选择在晚上进行。当一个人长时间得不到休息时，精神就会涣散，思维就会有漏洞，这时候就可以轻松地从他的嘴里套出话来。

晚上还容易产生负面情绪，容易做出消极的决定。

正常来说，人的大脑会分泌一种名叫"血清素"的化学物质，使人保持愉悦的情绪和乐观的态度。但在深夜血清素的分泌水平会下降，令情感和精神不易保持积极、正向，人会变得

感性，容易受到负面情绪的影响，从而做出悲观的决定。

从心理学的角度来讲，一个人在白天的时候，更像是"守规矩的动物"，而到了晚上才变成有血有肉有灵魂的人。

言外之意是，晚上不要轻易去做决定，不要随便倾诉自己的感情。因为深夜会放大人的脆弱，所以你可以独自悲伤、可以找人疗伤，等你熬到天亮，黑暗就会过去，明天的你终会恢复稳定的情绪和理智。

深夜只适合思考，不适合做决定

在晚上，人们的思维其实更加活跃，因为我们的精力有限，白天太喧嚣，这个时候才可以静下来，听到自己内心的真实想法。如果这时能给予这些想法恰当的关注，其实会是很好的思考机会。

很多人，尤其像作家、音乐人那样需要创作的人都是在深夜的时候，思绪才会前所未有的活跃，思路更加开阔，所以晚上往往是他们独自创作的最好时候。对于普通人来说，即使不需要创作，也可以静下心来思考一下自己的生活状态，想想未来的规划，或者给自己定个目标、列个计划。

这个时候就是整理思绪最好的时候。我将自己的一个小窍门分享给你们：此时的所思所想只要是积极的，最好记下来，写在笔记本里，或者记在手机备忘录里，等第二天再回过头看一下，及时补充调整。这样就不会在睡了一觉之后，第二天将这些想法忘了个精光。

坏情绪睡一觉后就该被抛在脑后，但是好的思考和想法应该及时被留存下来。

夜晚的思考很珍贵，它本身虽不具备被立刻执行的条件，却是很好的检视自己的机会。当你需要做决定时，最好是在早上精力最充沛的时候，这时最适合全方位、多角度地联想思考，三思而后行。

把深夜留给睡眠

当然，深夜最适合做的事情是放松和休息。把深夜留给睡眠，好好睡一觉，才是最应该做的事情。

适度追追剧、刷会儿短视频、看看书，然后好好睡一觉，祝你有一个好梦，希望明天能够开启一个不一样的自己！

不内耗的人，都有几个特点

朋友给我发来一份"内耗自查"清单，具体如下：

1. 高敏感，过度在意他人的看法。
2. 习惯性拖延，迟迟不愿行动。
3. 过度担心未来，总是胡思乱想。
4. 虽没做什么却容易感觉累。
5. 对什么都提不起兴趣。
6. 喜欢追求完美。
7. 睡眠质量差，入睡困难。
8. 不自信，认为自己很差劲。
9. 无法控制自己去讨好别人。
10. 做事总担心给别人添麻烦。

第1章 所谓的成长，就是不断认知升级

据说符合三条以上，就说明自己已经处于内耗状态。我对照查了查，还好，基本对不上号。而朋友却说，她十条中了八条，简直是样样符合。

根据我的观察，这位朋友的确是一个自我要求极高、内耗很多的人。她喜欢胡思乱想，总是对未来忧心忡忡，缺乏安全感。换句话说，内耗多的人往往活得很累。

其实，我是非常理解她的，对她的状态也能够感同身受。有几年，我也和她一样，是一个深陷内耗，过得很紧张的人。幸运的是，我通过一些方法调整了自己，如今活得松弛了许多，看待问题也通透了一些。所以，我和她分享了一些自己使用过的行之有效的方法。

只要你愿意，停止内耗是有方法可循的。

远离消耗你的人和环境

对应：不自信，爱讨好。

内耗的根源往往是自卑和缺乏安全感，总觉得自己不够好。造成你自卑的人，可能是崇尚"打击教育"的父母，也可能是爱PUA你的朋友或者恋人。我们无法改变父母，但是朋友可以

选择。

如果身边有人一直在打击你、挑剔你、指责你，甚至控制你，那么离这种人远一点，保护自己的自信心和能量场，不要被负能量的人裹挟利用。这样的人在你身边，会对你的身心造成巨大损耗，让你陷入自卑，患得患失，只会讨好或者逃避，从而变得越来越软弱，陷入负能量循环中。

记住一点：真正关心你的人会欣赏你、鼓励你，当你需要的时候会无条件支持你。一定要多和积极正向的人在一起，远离否定你的人、远离无效社交、远离"塑料友谊"。

去运动

对应：睡不好。

内耗的人常常会失眠，因为内耗是内心的两个自己在打架，纠结和顾虑太多，越想睡反而越清醒。摆脱内耗的一个非常有效的办法就是运动。规律的运动会让人的身体疲劳，但会让人的精神放松，更容易入睡，深度睡眠的时间也更长。

从科学的角度解释，运动会促进人体分泌多巴胺，让人身心放松。人在运动后，焦虑、抑郁等负面情绪水平均会显著下降，愉悦度则显著上升。所以说，运动就是一场精神排毒，是治愈情绪低落的速效药。

当你烦闷焦虑、陷入内耗，做什么都不顺利时，去运动吧：去公园跑跑步、打打羽毛球、游游泳，或者去徒步、练练瑜伽、做做普拉提……伸开双臂，步履不停，让负面情绪随汗水蒸发殆尽，使身心焕然一新。

当你习惯了经常运动后，你会发现，不仅不失眠了，内耗情绪也减少了，整个人会松弛很多。

学习新技能

对应：提不起兴趣。

一个人在自己熟悉的领域，总是闪闪发光的。内耗太多的人，可以尝试用培养新爱好、学习新技能来转移自己的注意力，打造属于自己的能量场。

比如，我多次说过的学习一门语言，考取一个能够帮助你提升职业水平的证书，或者学一些休闲娱乐的技艺，如唱唱歌、跳跳 K-POP，想新潮一些的话，还可以学习街舞、滑板等。既可以打发时间、培养专注力，又能让你在新的领域大放光芒，找到自己新的位置。

求知欲和好奇心会成为你源源不断的信心来源，即使取得的是小小成绩，也能在关键时刻给别人留下深刻印象。找到你喜欢且擅长的事情，有了更多成就感，内耗自然就减少了。

脸皮厚一点，培养社交能力

对应：高敏感。

对于很多内秀的人，内耗源于人际交往。他本身很优秀，在自己的专业领域也很有竞争力，但是有"社交恐惧症"，不喜欢甚至害怕与别人交往；或者觉得没有必要表现自己，埋头干活就够了。殊不知这样会在不知不觉间错过很多机会，导致他在哪里都是没有存在感的"小透明"。时间长了，就会有被忽略、不被重视的感觉，从而产生自我怀疑，这也是内耗的根源之一。

首先，要有意识地锻炼自己，主动和别人交流，尤其是在职场上，老板需要的是团队作战的能力，不喜欢某一个员工单打独斗。其次，要多看看"社牛们"是如何社交的，多观察揣摩，然后有针对性地练习。最后，要从小事做起，慢慢锻炼自己的脸皮，使它厚起来。

自信是一点点积累的，人际交往也是一点点学会的。"社恐"和"社牛"之间，往往只是隔着你愿不愿意改变现状的距离，只要你愿意，万事皆有可能。

减少对手机的依赖

对应：手机控。

你有没有发现，手机使用的时间越长，人就越容易浮躁和焦虑。现在手机主要的功能是社交，当你看朋友圈、刷短视频，看到别人拥有很多，而自己却什么都没有时，就会产生深深的无力感，不由自主地拿自己和别人比，从而陷入内耗中。

社交媒体是带滤镜的，它会无限放大美好的一面，而隐藏了现实生活中最真实的部分，长期被它影响，你的内耗就会越来越严重。

《圆桌派》嘉宾周轶君说过一段话，非常透彻：我们为什么会卷？因为我们看到的东西太像了，所有人追求一样的东西、一样的生活方式。我们的欲望如此相似，在相似的追逐中产生各种卷和焦虑。

当你活在别人编织的故事里面时,缺乏思考、盲目追逐,就会陷入精神内耗。

减少对手机的依赖就是给自己留白,留出更多的时间让自己独处,远离外界的喧嚣,了解什么是适合自己的、什么是可以放弃的。

松弛的人虽然知道自己要什么,但不会什么都想要。这样既不会用力过猛,也不必刻意讨好什么,做一个内核稳定的人。身体上自律、心理上自知,是理性思考与自我管理,并且日复一日养成的自洽状态。

当你陷入内耗时,记住这句话:你所担心的事情,99%不会发生;而你所期望的,终有一天会实现。

第1章 所谓的成长，就是不断认知升级

你要大城市的一张床，还是小县城的一套房？

一位读者给我留言："安姐，我在上海读的大学，现在毕业了，已经找到了一份工作，因为薪水不算高，所以要和别人合租才能负担我的日常开销。我的家人都劝我回小县城。我妈说她会想办法，找人帮我安排一个比较稳定的工作。但是，我不甘心，辛苦读书这么多年就是想摆脱小地方的生活，难道就这样认命回去吗？"

这位读者的困惑特别具有代表性。大城市的生活成本越来越高，逃离北上广深回到小县城，甚至回到农村，成了很多年轻人的选择。

作为一个小县城出身，依靠自己一步步在大城市打拼出一点成绩的过来人，对于"年轻人是要大城市一张床，还是小地方一套房"这个话题，我深有体会。

先说我的结论吧，从经济学角度，如果你未来想成为有钱

人，想积累财富，你一定要留在大城市。

《钱从哪里来：中国家庭的财富方案》一书讲道，经过大量实地考察和数据论证，总结出一个事实：城市决定着你财富的上限，也决定着你财富的下限。

具备同样学历、能力，并且起点相同的两个人，在不同地方获得的财富创造能力是完全不同的。因为人口聚集的规模效应能够激发出更强的生产能力，从而创造出更多的财富。也就是说，在大城市，你实现阶层跃迁、财富自由的概率，要比在小县城大得多。

打工人喜欢去大公司，是因为公司越大，优秀的人越多，能够学到的东西也就越多。而城市越大，优质的公司越多，你的职业前景也就越广阔；你挣到的财富越多，你改变命运的概率也会越大。

大城市对周边乃至全国的人才都有着巨大的虹吸效应，不断吸引着更多的机会、更强的人才加入进来。人口越聚集，你越有机会和更有经验的人在一起，向更优秀的人学习。这是一个良性的相互影响与成就的过程。

这和上学择校是一个道理。重视学习的家庭一定会力争把孩子送到口碑好、升学率高的学校，因为在好学校里，学习氛围和成绩都更好。你在好学校里，身边聚集的都是重视学习的

第1章 所谓的成长，就是不断认知升级

同学，他们有好的学习习惯，擅长自我管理，能把时间花在刀刃上，身在其中的你自然也会向他们看齐，和他们一样努力。

工作以后进入社会，社会聚集效应也是如此。你去了大城市，就像是考上了一所比较好的大学，甚至是名校，身边的人都在奋斗，你也会不甘心被落下。

在大城市，你不是一个人在走路，而是和一群人在一起奔跑。

如果在小县城，既没什么工作机会，也没多少创业机会，周围的人大多还在体制内工作，节奏缓慢，朝九晚五，竞争压力不大，生活成本也低很多，下班后还有大把休闲时间，享受安逸的生活。

在小县城，你的生活根本不需要奔跑，走路才是标配。

但是，要到达同一个目的地，走路与跑步，哪个才是更好的选择？答案不言而喻。

当然，很多人会说，我在小县城就是为了享受这份安逸，我不想跑，就想躺下来，舒舒服服地过好自己的小确幸。

乍听起来挺有道理，但是这当中有一个认知误区：过得舒服就叫"好"？那是因为你不懂什么叫作"代际效应"。

代际效应是指后一代人受前一代人的影响，并很难脱离前一代人的社会特征。低收入阶层的子女掌握的社会资源与经济

实力，在受教育和未来就业等方面都难以与富裕阶层的子女竞争。"寒门再难出贵子"，这是一个普遍的现实。

如果你在年轻时选择躺平，选择将就和循规蹈矩，可能意味着放弃了自我成长和提升的机会，也可能给你的下一代，甚至是后代斩断了向上跃升的路径。

另外，在小县城真的只有烧烤、啤酒、撸串，岁月静好？

残酷的现实是，在小县城，如果你父母或者你没有手握大权、没有家财万贯，就很难有出头的机会，即使遇到不公平的事情，也只能被欺负。唐山烧烤店打人事件说明，在小地方，如果你没钱、没背景、没人脉，别说想出人头地，某些时候你连追求公平公正的机会都没有。

县城的关系网很小，圈子小，办事更看重关系和门路。出门不求人，在大城市才能实现。大城市相对靠实力，只要你有能力，只要你敢闯敢拼，凭借自己的努力就能立足，甚至翻身实现阶层跃升。

那么，大城市带给人们的到底是什么？仅仅是工作资源和财富增长吗？仅仅是年轻人喜欢的活力和生活体验吗？

不，这些都只是表层的东西。大城市带给人们的，是解决实际问题的能力和品质的提高，这是一种更宝贵的隐形资源。

我在北京的时候，小县城的一个亲戚在一次体检中被诊断

第1章 所谓的成长，就是不断认知升级

患上了肺癌。他不抽烟不喝酒，生活作息正常，想不明白自己的癌症是从哪里来的，于是联系我来北京看病。我带他去三甲医院挂了专家号检查，最后发现是误诊，别说癌症了，连药都不用吃。

原来小县城医院使用的诊断方法早已过时，医疗设备也是年久老化精确度低。亲戚虚惊一场，放心回去了，但是这件事情给我留下了无尽的思考。

大城市其实是在为人们提供一种更加安全健康的生活保障，它给予人们的是更多公平竞争的希望，给予的是依靠自己也能生活有所依的条件。

再说下一代的教育，为什么北京、上海的孩子高考，就能比其他各地更有优势，更容易考上985、211？这是因为大城市已经为他们提供了全国范围内最好的教育资源和起点，他们不需要去其他城市上学，不需要再往上跃升，就已经拥有最优化的资源配置了。

所以，只有当你爬到了力所能及的最高峰时，孩子的每一步才是站在你的肩上继续攀登。你今天的努力，是在为自己的下一代提供底气。

一个人在大城市里打拼真的很艰难，让人望而却步的房价、生活的压力将年轻人压得喘不过气来，但是当你在一座城市奋

斗过，你会发现，这座城市带给你的不仅有委屈和遗憾，还承载着你的梦想和追求。当你攀上高峰时，这一切就是你的勋章。

说到底，选择大城市还是小县城，差别不是物质，也不是格局和眼界，而是更远的未来。

第1章 所谓的成长，就是不断认知升级

所谓的成长，就是不断地认知升级

如果你问我年轻的时候最需要培养的个人能力是什么，那么我的答案一定是认知力。

字节跳动创始人张一鸣曾说："认知能力是一个人的核心竞争力。"很多人也知道这句话：你永远赚不到超出你认知的钱。

为什么认知力这么重要？

因为认知力属于判断力，由许多底层逻辑组成，包括人性洞察、商业敏锐度、决策力，以及情绪管理等。它是个人综合能力的前提与基础，没有准确的认知力，会让我们对世界的认知产生严重的偏差。

没有好的底层逻辑支撑，人们就会习惯性地按照自己的偏见和局限进行判断和决策，导致出现行为偏差。

毫不夸张地说，认知力可以决定一个人的下限和上限，这种能力，才是一个人必须拥有且最重要的能力。

万事皆有规律。下面几个重要的底层逻辑规律，有助于提高人的认知力。

决策判断：沉没成本

沉没成本的通俗定义，指的是因为人们不舍得前期付出的时间、金钱、努力，导致在决策的时候经常做出错误的选择。沉没成本在英语中是"Sunk Cost"，也就是已经沉没的，付出且不可收回的成本。

生活中处处可见这样的例子。

比如，你花了很长时间到达一个景点，却发现很令人失望，但是想着："来都来了，还是再坚持一下吧，说不定会有更好的！"结果，你在这里花费了更长的时间和精力。你很懊恼，觉得不值得，既耽误了时间，又浪费了钱。

你选择创业，投入了大量的财力、人力、物力等，但是项目一直没有起色，不仅挣不到钱，还亏了不少，你还是不愿意放弃，因为如果放弃之前的努力就付之东流了。

一对恋人在一起很多年，感情变淡了，甚至恋爱关系也因为一方的不负责任而名存实亡，但另一方还是不愿意分手，这往往是因为他/她觉得过去已经为这段感情投入了太多时间和精力，不愿意前功尽弃。

应对措施：壮士断腕、及时止损。

沉没成本就是已经发生的、没用的成本，考虑它没有意义。如果能清醒地认识到这个底层逻辑，理性的人就会痛定思痛，及时止损，认赔服输，必要时更要有壮士断腕的决断力，不再纠结过去，马上转变赛道，避免造成更大的损失。

理性消费：锚定效应

锚定效应的英语是"Anchoring Effect"，又叫作沉锚效应，指的是在对某人某事做出判断时，易受第一印象或第一信息支配，就像沉入海底的锚一样，把人们的思想固定在某处。

在生活中，当人们需要对不太熟悉的事物进行评估时，会不由自主地将它量化并寻找对标物。在这个过程中，锚定效应往往会伴随发生，产生一种先入为主的心理。

人在做决策时，会习惯性地先入为主，后面的思考和判断也会受到影响。商家就是利用锚定效应来推销自己的产品的。

比如，你在早餐铺买煎饼馃子，会做生意的老板娘总会这样问你：加两个鸡蛋还是加一个？你本来是不打算加蛋的，但听到她的问话，你通常的回答都是：加一个吧。

你去理发店只是想简单地剪个头发，但Tony老师告诉你，他们的价格分为高级发型师价、总监价、首席价，而且一个比一个贵，最后你比了一下，觉得高级发型师的价格还挺划算的。

你想买房子，房产中介带你看房的时候会把最想卖给你的那套排在最后面，先带你看几套缺点明显，你也肯定不会喜欢的。最后面的你虽然也不是特别满意，但往往还是会选择这一套。因为相较而言，你觉得这一套最好。

你在商场看上一件衣服，售货员告诉你它的价格是1000元，你第一反应是太贵了。然后，售货员说现在正好打折，8折后可以便宜200元，你虽心动了，但是还在犹豫。售货员这个时候又说，你是我们的会员吗，会员可以折上折，这样算下来只需花720元你就可以买到这件衣服了。这时你就会觉得很划算，省了很多钱。

商家的锚定效应逻辑，就是在抛出产品实际价格前，先给出一个高价格，像锚一样钉在那里。当他再抛出一个较低的价格时，消费者一对比，就觉得没那么贵了，甚至还觉得捡了便宜。

如何利用锚定效应呢？

商家可以利用锚定效应，我们在生活工作中也可以活用这个概念，帮助我们实现目标。

比如，你请人帮忙时，先提一件要求高点的事，如果对方不同意，再降级提一件小事，通常就会得到满足。

工作中给领导提交方案时，多提交一两份，而且多提交的方案比你认定的方案要差点，你的方案就更容易通过。

情绪管理：踢猫效应

心理学上有这样一个著名的故事：

一位父亲在公司受到了老板的批评，回到家后就把在沙发上跳来跳去的孩子臭骂了一顿。孩子心里窝火，便狠狠去踹身边打滚的猫。猫逃到街上，正好一辆卡车开过来，司机为了避让猫却把路边的孩子撞伤了……

踢猫效应的英文是"Kick the cat, kick the dog"，简单来说，就是一种典型的坏情绪传染。人的不满情绪和糟糕心情，一般会沿着等级和强弱组成的社会关系链条依次传递，由金字塔尖一直扩散到最底层。无处发泄的最弱小的那一个元素，则成为最终的受害者。

踢猫效应其实是一种心理疾病的传染，是一条损人害己的情绪链，它会带来负面情绪的传染和蔓延。生活中，我们每个人都是踢猫效应链条上的一个环节，因果循环。

人们要怎么做才能尽量避免踢猫效应的发生，消除踢猫效应带来的消极影响呢？

第一，避免成为"踢猫人"。当人们出现负面情绪时，要学会调节情绪，不要把这种负面情绪迁怒于他人，更不要将其发泄到比自己弱小的人身上。

可以试着从身心两个方面调节处理：在心理上，可以通过向朋友倾诉，在网上找同好小组寻求精神支持，或者通过专家寻求专业指导；在身体上，可以把精力暂时转移到某项运动上，用运动转移注意力，或者暂时放下工作或生活难题，换一个环境，如旅游、健身，让情绪稳定下来，把问题冷却处理，回过头来看，也许它已经不成问题了。

第二，要明白自己也可能会成为"被踢的猫"。有些时候我们也会无可奈何地成为别人的出气筒，面对这种情况时要学会换位思考和体谅。站在他人的角度去思考，可能他也不是故意找自己撒气的，只是刚好遇上了而已。不要用别人的错误来惩罚自己，要及时调整情绪。

踢猫效应是一条长长的情绪链条，每个人都是其中的一环，

第1章 所谓的成长，就是不断认知升级

如果你"踢"了别人的"猫"，别人也会"踢"你的"猫"，最终会反噬到自己身上。"己所不欲，勿施于人。"我们要做的是尽快把这些负面情绪化解掉，管理好自己的情绪，既不要恶化，也无须把它们转移给他人，做一个有正能量的人。

人性弱点：破窗效应

美国斯坦福大学的心理学家菲利普·津巴多于1969年进行了一项实验。

他找来两辆一模一样的汽车，将一辆汽车停在中产阶层社区，而将另一辆汽车停在贫民区。他把停在贫民区的汽车车牌摘掉并把顶棚打开，结果当天它就被偷走了。而放在中产阶层社区的那一辆汽车，一个星期也无人理睬。

后来，津巴多用锤子把这辆车的玻璃敲了个大洞。结果呢，仅仅过了几个小时，它就不见了。以这项实验为基础，犯罪学家凯琳提出了"破窗效应"的概念：一座房子如果窗户破了，没有人及时修补，不久，其他的窗户也会莫名其妙地被人打破；一面墙，如果出现了一些涂鸦而没有被清洗掉，很快地，墙上就会布满乱七八糟、不堪入目的东西；一个很干净的地方，大

家会不好意思丢垃圾,一旦地上有垃圾出现之后,人们就会毫不犹豫地抛垃圾,而且丝毫不觉得羞愧。

破窗效应指的是环境中的不良现象如果被放任,就会诱使其他人仿效。

破窗效应的原理体现的是人性天生的弱点。比如,一个人在正常情况下打破车玻璃,需要承担的代价包括舆论压力、负罪感及赔偿,甚至是坐牢。但是,一旦有了破窗效应,即这辆车已经被破坏了,他就会觉得"落井下石"的代价很小,而且被破坏得越严重,所需要承担的代价就越小。在好奇心、贪心、侥幸心理等的作用下,就会倾向于"补刀",让情况继续恶化下去。

破窗效应对人们的警示是:任何事情若在最初发现苗头不对时没及时被阻拦,一旦形成风气后就很难改了;一段感情,在出现第一道裂缝的时候没有及时修补,或者第一次被对方PUA的时候没有及时反抗,那么以后就会越来越被动,被欺负,甚至被虐待。

"千里之堤,溃于蚁穴",讲的也是这个道理。河堤上的一个小缺口没及时被修补,最终会崩坝,造成千百万倍的损失。

生活中还有很多这样的实例。新买的衣服,一开始你肯定穿着非常小心,生怕把它弄脏弄破了,一旦这件衣服已经破了脏了,你就不会再在意它。

第1章 所谓的成长，就是不断认知升级

你今天犯懒，吃完饭不想洗碗，很快就不光是不洗碗，你还会乱扔衣服、乱丢袜子，也不扫地，整个家变得越来越脏乱。

你是公司的主管，要求下属做一件事情，下属不仅不听还把事情做得一团糟。你好脾气没有惩罚他，这个下属就会越来越不服从管理，甚至其他员工也会效仿。最后，作为领导的你形同虚设，没有人再把你当回事。

破窗效应对应的是自暴自弃、摆烂心态。一旦陷入这种状态，整个局面就会变得很被动，想要扭转则难上加难。所以，要从一开始就避免把自己置于破窗的旋涡中，我们要尽可能地保证自己在做人做事的时候有更高的标准和要求。当你做好自我管理、对人对己都有更高要求时，你的状态才会越来越好，越来越积极向上。

认知能力是由一系列综合素质组成的，它决定了人们的时间驾驭能力，也决定了人们对真实世界的了解程度。认知能力的不同，决定了人们眼中世界的大小。

人生的轨迹由一个个结果组成，如果不提升认知能力，那么你的人生便会陷入悲观的"人的命天注定"这一宿命论中。

只有掌握了底层逻辑规律，你的认知能力才能提高，才能将人生握在自己手中，"我命由我不由天"，将自己的世界变成理想中的模样。

忙碌,是世界上最便宜的药

我有段时间失眠严重,是忙完了一个大项目,刚辞职回家的那段日子。按理说,以前工作很劳累,没日没夜地加班,睡眠都没出现问题。回到家休息下来,不用朝九晚五上班了,还有了大量闲余时间游山玩水,甚至无所事事,应该睡得更香才对。但恰恰相反,我闲下来的那段时间反而是睡眠质量最差的一段时间。

后来,一个熟悉心理学的朋友向我解释了问题所在:你的失眠问题很可能是闲出来的。

我重新找了事情做,让自己忙碌起来,失眠现象果然好转。而且我发现,越是忙碌,我的睡眠质量越好,心情也非常好,因为没有时间胡思乱想,让自己陷入内耗。

卡耐基有一段话,很好地诠释了让自己保持忙碌的重要性:世界上没有唾手可得的东西,也不会有一劳永逸的收获,每一个人从平凡到卓越，都经历了生活的千锤百炼，要想人生过得精彩，就得身体无病痛、灵魂无困扰，为心中的目标奔跑。

忙的过程虽然累，也有别人体会不了的辛酸，可努力到一定程度，就会收获你意想不到的惊喜。

我时常提醒自己：要保持忙碌，它是世界上最便宜的药。

当一个人，尤其是容易多愁善感的女人，有规划、有目的地忙碌起来后，就会逐渐懂得原来它才是治愈一切烦恼的良药。一旦忙碌起来，每天面对不同的人和事，她的眼里就不会只剩下鸡毛蒜皮，看待问题的角度才能开阔，分析问题才能冷静。而且，更重要的是，她的闲愁杂念也不见了，负面情绪减少了，生活会越来越充实。当休息的时候，她也能更放松、更专注，休息的质量得到了保证。

懒散的生活令人无精打采，忙碌的生活才能让人精力充沛。我们要追求完美生活，不仅要富足，还要忙碌。

想废掉一个人，就让他闲着

我曾经听到一个看似很离谱，但细品又颇符合逻辑的关于豪门内斗的真实故事。

一个家业庞大的富豪家族，男主人早年丧妻，有一个儿子。后来男人再婚，女人带着一个儿子嫁了进来，继子稍微小一点。后来，男人的身体越来越不好，甚至卧床不起。所有人都以为他会把这个家族的遗产和事业，留给大儿子，或者至少大部分留给自己的亲生儿子。但没想到的是，他把绝大部分遗产和事业留给了小儿子。

男主人病逝不久，大儿子就被扫地出门，遗产和事业都归了后妈和小儿子。

根据和富豪家走得比较亲近的人介绍，后妈对大儿子看起来一直很不错，大儿子也不排斥后妈，甚至还跟其他亲戚提及后妈对他的好。这个重组家庭相处得一直很融洽。

其实，知情人说后妈是个心机颇深的人，她在所有人面前表现得不争不抢，对两个儿子一视同仁，但背后一直在筹谋利益，为争家产铺路。

她争家产采取的方式非常简单，就是让大儿子闲着。

正所谓，如果你想废掉一个人，就让他闲着：给他一部手机、一根网线，让他待在屋子里不出门。

富豪当初安排大儿子和小儿子一起出国留学，他们刚开始就读同一所高中并住在一起，由后妈和保姆一起照顾他们的生

第1章 所谓的成长，就是不断认知升级

活起居。富豪因为工作繁忙，鲜少到国外看望他们，也没有精力管他们的学习。

大儿子出国留学第一年，就因语言不通，学业压力大，有了厌学的念头。但后妈什么都没说，任他逃学不去上课。后来学校直接勒令他退学，后妈瞒着富豪帮大儿子随便找了一所"野鸡学校"。那所学校根本不管学生上不上课，只要交学费就行。

没人管的大儿子更加放松自在了，他天天宅在家里，不出门、不社交，后妈看在眼里也不吱声，任由他随心所欲。而她自己的儿子一直上着贵族学校，每天早出晚归地忙学习、忙体育、忙社交，和全世界的精英一起努力。

大儿子呢，常年窝在屋里打游戏，喝碳酸饮料，吃炸鸡，几年放纵下来，变成了大胖子，不仅抽烟喝酒，听说还染上了毒瘾。

而小儿子则顺利进入了全球顶尖的大学，为接手继父的家族事业做着孜孜不倦的准备。富豪不了解其中原委，一直感叹自己的儿子这么不成器，没有继子有出息。

在这场豪门争斗中，表现卓越的小儿子完胜，大儿子则成了父亲眼中的废人。

无论是成年人，还是小孩子，毁掉他最好的方式，就是让

他什么都不干，让他没有追求、没有目标，随心所欲地生活。人在无所事事的时候，退化得最快。

闲，意味着懒散、懈怠，不用思考，甚至不再运动，圈子越来越小，日复一日地停滞不前，情绪也逐渐萎靡，状态日益衰败下来。

但是忙碌的人的状态是完全不一样的，无论是在学习中燃烧脑细胞，在运动中挥洒汗水，还是在工作中锻炼思维，人的状态都是有活力的。精神饱满、四肢勤快，除了手上正在做的事情，注意力不会被投射到闲情杂念上，也没有时间忧愁烦恼，即使年纪大了，人的状态也会越来越年轻。

离很"闲"的人远一点，因为他会带你进入负能量场

很多负面情绪都是闲出来的。我的经验是，要和那些很"闲"的人保持一定距离。

我以前有个朋友Y，她是全职主妇，不用出门上班。我身边的几个朋友也是这种情况，要么是全职主妇，要么是在家里上班，工作时间比较灵活。有段时间我们几个人常常约在一起喝咖啡聚会。我们聊的话题往往是健身护肤、鸡娃育儿，一起

第1章 所谓的成长，就是不断认知升级

分享生活和理财投资，也一起交流读书心得，哪里有好的展览可以带娃一起欣赏，哪里有丰富的家庭活动场所可以跟家人一起去体验。当然，女人们聚在一起偶尔也会抱怨老公几句，说几句身边的八卦，都是一些茶余饭后的谈资而已。

但Y不一样，她嘴里说出来的东西全都是八卦和是非，她不健身、不运动，不阅读、不闻时事，也不关心"搞钱"。我们谈怎么给孩子提高情商财商时，她说："这些不都是爸爸该管的事情吗？你们也太累了……"我们谈论读书心得时，她毫不顾忌地说："我可从来不看书！都这把年纪了，我的人生阅历比书丰富多了……"她把自己除了照顾孩子之外的所有时间都花在了买包及其他奢侈品上，以及谈八卦和是非上。她关心的永远是别人的家长里短，谁家的房子更大更豪华，谁的包的款式比她的更新。

我发现她的一个最大特点是，只要是和她接触过的人，无论对方有多优秀，她都能挑出一堆缺点。她还会想方设法地打听别人的背景，然后添油加醋、夸张放大，变成她嘴里的八卦。

每次和她聊天，我都觉得很累很烦，因为她身上充满了负能量。在她的抱怨和指责中，所有人都问题多多，只有她纯洁无瑕，是一朵白莲花。

几次聚会下来，我们就不得不远离她了。她这种负能量满

满的人，其实生活中很常见。这种人的低级趣味，多是因为闲出来的。他们没有能力利用好闲暇时光，导致自己的眼光过于狭隘，格局自然也打不开。再好的生活，在他们的眼里也永远是一地鸡毛。

　　金钱治愈自卑，忙碌治愈矫情。与其说喜欢忙碌，不如说我们享受的是忙碌带来的充实、愉悦与满足，以及那个变得越来越好的自己。自己变好了，身边的人也会越来越好。

　　当人们体力充沛、精神饱满，有事做、有人爱时，才是滚烫的赢家人生啊，即使累一点，也会此生无憾。

人生最应该避免的三件事

有一次和朋友聊天,说到了一个话题:究竟是什么原因,导致人与人之间的差距如此巨大?

能够列举的因素,数不胜数。

我总结了这些年来的所见所闻,以及自己的人生经验,发现了一些共同点,那些优秀的人总是拥有以下三种能力。

第一,延迟满足的能力。

第二,好好吃饭,发自内心尊重和享受美食的能力。

第三,不受环境影响,专注提升自己的能力。

每个人生命的长度都有一个定额,对于那些糟糕的事情,如果你能及早避开,就已经在时间上赢了。

远离廉价快乐

不仅是儿童,成年人更要有延迟满足的能力。如今,日益泛滥的廉价快乐是人们延迟满足能力的最大杀手。

快乐是好事情,但是有些快乐是廉价的,我并不反对适当的娱乐,毕竟生活已经有诸多不容易。

但是,也不得不承认,人们现在已经被各种廉价快乐紧紧包围。

前些天,我跟风下载了某视频 App,然后我的生活就变了样,每天晚上都喜欢抱着手机刷一会儿搞笑视频。

本来只想放松几分钟的,没想到回过神来时已经好几个小时悄然逝去。计划好的看书、写稿、追剧和陪家人互动的时间都被消耗掉了。

沉迷一个星期后,终于有一天在凌晨一点,我删除了这个 App。

不得不说,廉价快乐是一个时间黑洞。

它就像是一个有无底洞的强力双面胶,粘住了你的注意力和时间,让你无法摆脱还毫不自知。

一旦掉入了时间的黑洞,你的注意力就会被廉价收割,得到的只是短暂的、即时的快乐。回过头来,只留一阵空虚。

廉价快乐＝廉价刺激

因为，人们大脑里的兴奋阈值是被不断刺激的。一旦习惯了低成本、高回报的刺激，你就不愿意做那些高投入、见效慢的事情了。比如学习、阅读、深度思考。

大前研一在《低智商社会》一书中提到，日本的新一代正在逐渐步入"低智商社会"。

他们读的书越来越幼稚，对各种谣言丝毫不会思考，很容易受到媒体的操纵，得过且过、毫无斗志……

只有两个选择：要不我们杀死时间，要不时间杀死我们。

不要让自己成为廉价快乐的奴隶。

远离垃圾食品

在微博上看到这样一句话：

"活到了一定岁数后，你会发现，决定你人生高度的，不是智力和金钱，而是你的体力。"

你的体力，就藏在一日三餐里。

知乎上有位网友，是个17岁的高中生，他住校不舍得花钱吃食堂的饭菜，为了省钱连续吃了1年的方便面。

直到有一天，他开始每天定时胃胀，饭后定时胃疼，而且隔着肚皮都摸得到腹部有个小肿块。

去医院一查，他已经由急性胃溃疡、胃出血，发展到慢性胃炎。

长期吃方便面不仅使他患上胃病，而且还会因为营养不均衡而瞌睡、头晕，甚至晕厥，脾气也变得很差。他以后日常生活中都要尽量不吃辣了。

这位网友觉得垃圾食品让他的脾气变差，其实是有科学根据的。

牛津大学的科学家以1000名16~21岁的男女为研究对象，将他们分为两组。

一组长期服用维生素和营养补充剂，另一组长期食用垃圾食品，包括大包装的油炸土豆条及工业化加工食品等。然后对他们进行为期1年的跟踪观察。

最后发现，吃垃圾食品的人更愿意用暴力解决问题，脾气也明显更坏。

这是因为，当大脑极度缺乏重要营养成分，尤其是缺乏大脑神经元的重要组成成分$\Omega-3$脂肪酸时，大脑就会失去灵活性，注意力不集中，自制力受损，暴力倾向增强。

此前，也是英国的科学家，曾对231名罪犯进行试验，发现在拘禁期间服用营养补充剂的罪犯的暴力情绪，较平时大大减弱。

好好吃饭，才是最好的自律。既能养生，也能养心。

我非常佩服朋友圈里的一位妈妈。

她一年365天，除了外出公干或者旅游，基本每天都会为家人精心准备早餐。

她是上班族，也是两个孩子的妈妈，面对每天工作和生活的双重压力，她无不需要全力应对。但她对自己的时间管理有着严格的要求。

为了制作一顿色香味俱全的早餐，她每天至少要早起一小时，有些食材还要提前一两天准备。

我自己对于好好吃饭的益处也是深有体会。

当我们好好吃饭的时候，往往发觉食物的味道会更好，但吃的量反而少，因为新鲜食物所含的低营养物质非常少，从而避免身体过快地消耗营养物。

好好享受一顿美食，还会使心情更加充实舒畅，工作效率也能得到明显提升。

最重要的是，长久的健康饮食习惯，其实还能省不少钱。

少生病，医疗费用支出自然就会减少，从而有充足的钱买更健康的食物，此外还要避免暴饮暴食，形成良性循环。

对自己的每一天负责的人,才是对日子不将就的人,才能过上讲究的生活。

好好吃饭,远离垃圾食物,才是最好的惜命与养生方式。

远离无用社交

作家李尚龙说:只有优秀的人,才能得到有用的社交。

有用社交的根本意义,是指能提供自己的价值,和对方各取所需。

几年前,有位久未联系的老朋友找我借钱,我挺惊讶的。因为这位朋友混另一个圈子已经很久了。

她的朋友圈基本是围绕那些因工作结识的非富即贵的朋友,大牌傍身、天南海北出游、美酒美食相伴,总之很潇洒。

"混圈子"需要资本,这位朋友虽然收入不菲,但为了赶上身边人的步伐,她的大部分工资花在了置办行头和娱乐项目上,为此还背了不少"卡债"。

当有一天家里传来消息,父亲生病需要昂贵的进口药治疗时,她才发现自己急需资金周转。

面对她的困境,那个本来跟她最热络的圈子里的人,只有一个人答应高息借她几万元，其他人都视而不见，甚至不声不响地消失了。

实在没辙，她只能找以前的朋友求助。

后来，帮她渡过难关，甚至帮她的父亲联系住院的几个人，还是我们这群知根知底的老朋友。

我从来不反对"混圈子"，但混错了圈子，还不如不混。

不少人社交，最讲究"有用"。

而处于下位的社交是无用的，不仅不能提供对等价值，还总是需要刻意主动才能勉强维系社交。比如，朋友圈的点赞之交，某些聚会上认识的绝大多数都是一面之交的牛人等。

有价值的社交不是强行融入某个圈子，而是先让自己牛，然后用自己的磁场吸引别人。这样的圈子，才是真正属于自己的圈子。

很多人号称自己的朋友多、资源广，动辄朋友圈数千人，达到了5000人的上限。

还有一些人信奉社交界的"七人定律"。

这是一位美国心理学家提出的，即所谓的每一个人都可以通过6个中间人，认识世界上任何第7人。

但其实，即使你通过层层关系，费尽气力联系上了某位大V，除了做他朋友圈的窥视者，对他高山仰止外，他对你并没有任何实际意义。

他没时间和你闲聊唠嗑,更没时间听你诉说心事,不是"道不同不相为谋",而是段位不同的人交流也不在一个层次。

他的时间很宝贵,你只有修炼到同样的段位,才能负担得起。

说句扎心的话:你自己没有用,你的社交也就没有用。

真正高效的社交,往往来源于拥有独立型人格的人们之间的交往。我刚好拥有,你正好需要。

只有价值对等,才能人格平等。

年龄大了之后,你会发现,很多时候要得到真正的幸福,不是靠加法,而是靠减法。

我们很多人刚毕业工作的时候,出发点是差不多的,是认知水准、思维模式及生活习惯让人们一点点有了差距。

时间就是真正的魔术师,可以带来极大的变化。

主动权应该在自己的手里。

如果说人生是一个账本,那么只有懂得哪种生活方式对自己比较有价值,哪种生活方式不可取,才能避免走向越来越乏味的人生。

有些事情,该避免就避免,该远离就早点远离。

懂得管理自己,才能拥有更好的人生。

第1章 所谓的成长，就是不断认知升级

优秀的人，都有相似之处

朋友的公司扩大规模，需要招聘一批员工，他和公司的HR前后忙了几个月，有些职位还是找不到合适的人选。朋友做企业多年，可谓阅人无数，他跟我抱怨说："我不得不承认，优秀的人都有相似之处，而平庸的人则各有各的平庸。"

优秀的人，是有一些共同特点的。

比如，在具体工作中，他们往往时间观念非常强，目标清晰；事事有回应，件件有着落，是很靠谱的人；工作的时候极其投入并且专注度高，工作效率高；等等。这是一些比较具体的特征，而从大的方面，如思维方式、人生格局来讲，这些优秀的人身上还有下面一些共同特质。

破圈成长：愿你脱胎换骨，活出超燃人生

能深耕

那些能把事情做成的人，往往有一个共同特点，就是专注，能长期深耕一件事，不三心二意、不跑偏。

朋友说每次裁员的时候，他最先裁掉的都是那些所谓"通才"：就是什么都会一些，但是每一样都不精的人。而他的公司需要的是具有核心技能的"专才"。

朋友需要找高级 UI 设计师，在这次招聘时，他发现许多已经有七八年经验的设计师的专业技能，还不如那些只工作两三年的人。这说明他们的工作能力流于表面，入行这么多年都没有真正地打磨自己的技术，甚至还有人跳槽来跳槽去，换了好几个行业后又回到这个领域的。有这种态度的人，最基础的本职工作底子都没有打牢，何谈精进自己的专业思维、眼界，以及实际解决问题的能力？

每一个行业的发展对岗位和技能的要求都是变化的，不在自己的领域深耕，没有核心竞争力，迟早会被淘汰。

哈佛大学对自己的毕业生做过 25 年的跟踪调查，发现一个规律：

那些社会各界的成功人士，尤其是声名显赫的"大拿"，都是毕业后朝着一个方向一直努力的人，他们可能会跳槽寻求更好的机会，但是所有变动都是围绕自己的行业。

并不频繁换方向的人，成了各行业各个领域中的专业人士，且大都生活在社会中上层。

而那些没有明确目标，频繁跳槽，甚至不停换行业的人，却总是在抱怨他人、抱怨社会，结果生活不尽如人意，越过越差。

很多时候，阻挡人们进步的，不是自己的能力不足，而是精力分散。什么都想要，但什么都是浅尝辄止，碰到需要死磕的时候却轻易放弃，到最后只能是一无所获。

学习能力强

优秀的人，学习能力一定强。读书和学习是有区别的，读书更多的是指学历方面，而学习是一种能力。你可以学历不高，但是学习能力要强；反之，你读再多书，却只学不习，在实际工作和生活中派不上用场，也是没用的。

学习学习，重在"习"，只有通过"练习+实践"，才能将接触的新东西变成自己的。只有学习，才能保持与时俱进的深度思考和持续输出的能力，尤其是对前沿知识的关注。比如，把握现在行业的变化、趋势走向，研究其背后的逻辑，打破能力单一的局面，提高认知的格局。

职场中的学习更要有针对性。带着问题去学习，找对学习的人，事半功倍。

职场就是最好的课堂，不要小瞧任何人，你的每位同事都有自己的长处，每个人身上都有值得学习的地方，关键在于你能不能发现，并且带着积极的心态去面对，学习他们身上的优点，取长补短。

贵人难求，伯乐难遇，但是无论什么时候，只要你有求知欲，保持学习的心态，你随时都可能找到自己的导师。这位导师不一定是必须拜师学艺的那种，可能是你周围的任何人。

他可以是你生活中的前辈，非常有经验的同事，或者是你读过的书、看过的视频、听过的播客，其中都有能触动你的部分。总之，有学习能力的人就像海绵一样，具有敏锐的吸收和纳新能力。

你要学会复盘和总结，对所学知识进行梳理归纳，消化吸收成自己的东西。

每当你看完一本书、学完一门课程、做完一个项目、跟一位大佬学到一样本领后，都要养成复盘的好习惯，尝试写总结，记录下来你的感受。如果条件允许，最好能和你信任的人去讨论、分享，让他帮你分析哪里做得好、哪里需要提高，达到多维度的学习与思想碰撞，主动学并学以致用。

建立自己的支持系统

仔细观察优秀的人，你会发现，他们身边总是围绕着稳定的能够支持他的圈子和资源。他们善于建立自己的支持系统，寻找积极的鼓励和陪伴。这个支持系统充满着良性的互动，他们互帮互助、互赢互利。

成功人士背后的支持系统往往是非常强大的，因为没有人能独自到达成功的顶峰。

如果你想像他们一样，首先要学会收集成功者的经验，锁定所在赛道最牛的人，向他靠拢、向他学习，模仿他，让他的思维方式影响你。

第一，不同的人生阶段，尝试建立不同的支持系统。

如果你是在校学生，一定要多和教师交流，好好利用学校的资源。有的教师擅长学术研究，有的教师是业界大牛，你要在读书时期就学会拿着问题去找教师寻求帮助。教师能利用他的资源和眼界，给你提供很多咨询服务。而且，绝大多数教师很愿意你去咨询他，你诚恳的学习态度也会让教师觉得自己"被需要"，这是他教书育人的意义所在，更是由他的学识眼界所决定的。

第二，找支持系统，一定要根据自己的需求找到对的人和圈子。

比如，你生活在小县城，想去大城市发展，就不要问你身边在小县城混太久的人的意见了。他们在舒适圈里待了太久，无法对你的理想感同身受。你要问，就问那些正在大城市打拼的人或者成功的人的意见，他们会给你正向且实际的建议。

第三，保持与不同圈层的优秀人士联结的能力。

我的朋友小萱，在刚开始认识她的时候，我知道她的身份是家庭主妇，丈夫在外经营贸易公司，她在家里照顾两个孩子。后来交往多了，我才发现，她虽然在家不用上班，但其实身兼多职，既帮助丈夫处理公司税务，还在政府部门里做兼职，在所剩不多的和朋友聚会的时间里，她还能见缝插针地和那些家里有生意的妈妈们谈合作。

看似过着很悠闲的富太太日子，其实小萱一直在和不同圈层保持着联结，互换资源，实现共赢。

建立自己的支持系统，首先要抛弃功利心，去做一个利他的人，做人靠谱、做事有准，要有主动服务的意识。当别人需要你的时候,你也能够伸出援手,给予支持。你能提供给那些人价值,就是你能联结到不同圈层的基础。

第四,对别人的支持要有感恩的心,要懂得感激和回报。

很多时候,一声"谢谢",一句"要不是你帮我,我当时真不知怎么办才好"这样简单的话,都会使助人者的心里充满了快乐与成就感。

而很多求助者不懂得说"谢谢",或者觉得没必要说"谢谢"。他们有一个很大的误区,认为都是熟人,即使他们不说对方也知道。而事实是,如果我们不说,别人就不知道。结果,助人者助人的快乐就可能转变为不满和疏远。

你的资源圈子需要用心经营和维系,才能拥有源源不断的活力。很多时候你迈进圈子的第一步,不能完全依靠别人去拉你,而要靠自己的实力努力挤进去,然后从小事着手,一步步站稳脚跟。

罗翔说过,人最难跨过的鸿沟就是在知道和做到之间。

优秀的人都有内在驱动力,要么是对工作热爱至极,要么是对欲望毫不掩饰。无论哪一种,只要你了解了这些底层逻辑,再加上任何一样"热爱"或者"向往",都是迈向成功最大的动力。Stay hungry, stay foolish,不给自己设限,不做平庸之人。

第2章

我变得不好惹以后，职场越走越顺了

我的职场"第一桶金":不做老好人,做硬气之人

我刚工作时,父母就提醒我:和同事要好好相处,但是不要做老好人。因为在职场当中,老好人 = 老实人,一旦你被贴上了"老实人"的标签,就会发现苦活、累活、麻烦活都会被派给你。没有原则的老好人,在哪边都不会落好。别人不会因此尊重你,反而会看轻你。

我的第一份工作是在机关媒体。办公室里有一位工作年头很久的老前辈,他快退休了,但工作水平不怎么样,也不是领导。他凭借自己在办公室独一无二的"元老级"身份,非常喜欢倚老卖老,或者说他以欺负新人为乐,也不算过分。

我和另一个姑娘同时入职。第一天,我们就被他使唤得团团转:扫地,去水房给他打开水(他挑剔纯净水的味道不合他

口味），去传达室给他取信件，帮他打电话约车（新闻采编人员出去采访的时候，需要提前和单位的司机部门约车）。我们两个刚刚毕业的菜鸟不敢拒绝，也不懂拒绝。就这样，我们一进办公室，就被迫做了很多非我们职责范围内的跑腿活。

办公室其他同事看不下去了，有人暗暗提醒我们：他就是这副德行，喜欢折腾新人，硬气点，不要理他。

我也想起了父母的提醒，明白再这样下去只会越来越受欺负，便开始各种推诿婉拒，不再听他指挥。几次拒绝之后，他发现我没那么"听话"了，慢慢地不再找我了。但是，那个新来的姑娘胆子小，害怕他生气，还是不敢拒绝，不得不继续当他的跑腿。直到很久以后，她被调到了别的部门，这段被老前辈欺负的经历才告一段落。

我的职场"第一桶金"不是金钱，而是明白了一个道理：不做老好人，做硬气之人。我觉得这比金钱更有用，对我以后的人生帮助更大。

学会说不，不做职场"便利贴"

很多职场小白最爱犯的错误就是不会拒绝别人，导致自己有做不完的活,忙前忙后却忙不到点子上,成了被人随便使唤的老好人,还被视作理所当然。

实际工作中人们难免要互帮互助,有些工作也需要和其他人合作完成。但是,要养成一个习惯,就是面对别人提出的要求时,不要立马答应,先想一想:

他平时是怎么对我的?

他是不是一个感恩的人?

上次我求助他的时候,他帮我了吗?

混职场的,日久见人心。我们要与人为善,给自己挣个好人缘,但是也要多观察、多琢磨、多试探,慢慢找到那些能和自己合作共赢、相互扶持的人。

在我的另一篇《懂得麻烦别人,你就掌握了社交的部分精髓》的文章中,我特意写了如何求助别人,如何在职场上相互麻烦、相互帮助,因为求助是一块试金石,能帮你筛选出靠谱的、珍贵的同伴,而拒绝可以帮你避免沦为老好人,陷入过度消耗的旋涡。

不是不帮忙,而是要帮对人。

记住这句话:别不好意思拒绝别人,因为那些好意思为难你的人,都不是什么好人。

学会说不的第一步,就是脸皮不能太薄。比如,一些鸡毛蒜皮的小事，同事总是塞给你去干，你拒绝几次以后，那些有自知之明的人，自然就觉得没意思了，以后也不会再拿这种事情烦你。

还有一部分人是欺软怕硬型，就像我的那位老前辈，不敢招惹脾气不好的，最喜欢欺负好说话的，那么你要慢慢变得硬气起来，让他们知道你也是有脾气的，没那么好惹。

第二步，学会拒绝，但不要树敌。如在机关工作，不管你愿不愿意，很多同事都要相处一辈子，不要因为工作的事儿给自己树立敌人。因此，你要学一学怎么委婉拒绝别人。

拒绝是有技巧可以练习的。有这样一个非常实用的说话技巧："是的……而且……"就是不管别人说了什么，你都要先说"是的（你说得对／我同意你的看法）……而且（表达自己真实的想法）"，这种表达方式是让你有不同意见的时候，先肯定对方的观点，再表达自己的想法，从心理上容易让对方接受你的看法。

套用在拒绝别人的时候，你也可以做类似的发挥，比如"好的好的……不过……"

当别人来找你做一件你不喜欢做的事情时，不要直接拒绝，因为没有人愿意一开始就被否定。不喜欢干的工作，不要直白地拒绝。适当的时候可以演演戏，越是不喜欢干的，脸上越是表现出高兴，但嘴上要说："我非常喜欢这个工作，但是我身体不允许……""我太想帮你了，只是现在手上有个××领导派的急活儿，实在是时间不允许……"

总的来说，你表达的原则就是：我主观上很愿意，但是客观上没办法。学会拒绝，先从这个表达方式开始。

学会怼人

上面的方法是婉拒，但是很多时候我们会碰到某些脸皮厚的人，他们做事没有分寸，爱占小便宜，也根本不会考虑别人的感受，只想不择手段达到自己的目的。他们爱指责、命令别人，如果你不满足他，他甚至会直接攻击你。

比如，小心眼的某个同事因为你拒绝过他，一直对你有意见。某次，你顺利完成了自己的工作，已经和领导请好假，准备提前一小时下班去医院看望住院的家人。他知道了，立刻当着所有人的面攻击你："××，你可真会偷懒啊！我们都在这边累死累活地加班，你不仅不加班，还提前下班……"

这个时候你要怎么做？

首先，调整情绪，不要被激怒。他说这些话就是为了激怒你，让所有人看到你的难堪。

其次，记住一个原则：被别人攻击时，要停止自证。什么叫自证？就是陷入他的话术圈套中，试图自我证明。一旦开始自证，就是被别人牵着鼻子走，你就输了。怼人的精髓是，不能被他的思路主导，不要正面回答他的任何问题，要抓词语、抓细节，抓住他言语中的漏洞反击他。

当你被人攻击工作偷懒／下班早时，一句万能的回怼公式是："你怎么知道我这样？难道你不工作，一直在偷偷观察我？你可真闲啊！"既适当反击了他，又可以让他陷入自证的圈套中，一举两得。

建立边界感

很多人在工作中不开心，往往不是因为工作本身，而是因为工作中的人际关系。如果你在职场中没有建立边界感，工作不会把你怎么样，反而是身边的领导同事会把你弄得很累。工作压力大，生活状态也很难不受影响，所以常常是工作生活一团糟，内耗越来越严重。

职场中混得好的人，都有清晰的边界感：善于表达自己的喜恶，同时要让别人知道侵犯他的后果。他们的重心是把自己的事情做好，不活在他人的期待里。

把事看重。工作要有责任心，把自己分内的工作做好，做到问心无愧，同时让别人挑不出刺来。成年人要有担当，但是只对自己的事负责。不惹事，也无须多管闲事。

把人看轻。这里的人，主要指的是别人。不要过度在意别人的看法，要认可自己的重要性和价值，尊重和忠于自己的感受，而不是为了讨好别人，妥协牺牲掉自己的利益。工作中的关系本质上还是围绕工作产生的，心狠一点，没有必要把别人看得太重，不给别人轻易打破你边界的机会。

职场中，心狠不等于不善良，它只是另外一种担当：做事情清醒而自知，为自己的选择负责。

一个没有边界感的人，很难赢得其他人真正的尊重。

不做老好人，要做硬气之人。

第 2 章　我变得不好惹以后，职场越走越顺了

为什么要上名校？这是我听过最好的答案

我曾经遇到不少孩子，他们一脸天真地和我说，现在卖煎饼馃子都可以月入三万元了，网红直播更是收入不菲，何苦要起早贪黑，千军万马挤独木桥呢？

何况，上了好学校也不一定有好工作呀。

"十八线"小县城出身，依靠读书这座独木桥，如今过上在旁人眼里还算不错生活的我，每次听到这种论调，都想给他当头一棒。

孩子，名校给你的绝不只是一张文凭，还有区别于普通人的人生轨迹和更多选择的机会。一旦踏上这条路，你的下限就已经超过许多人的上限，人生自动进入了快车道。

在越来越多人抱怨阶层日益固化的今天，作为寒门子弟不上好的学校，得不到好的学历背景——这一不论出身、二不看爹妈，只看个人实力就能获得的最大筹码，你拿什么跟别人竞

争？拼出一个好的未来？

好学校帮你筛选校友，让你遇见同一频率的人

前些年，一张中国大佬们在乌镇聚餐的照片，一度刷爆朋友圈。

16位中国互联网界最有权势的大佬，清一色毕业于国内外知名大学，其中包括马化腾、沈向洋、刘强东等，还有好几位是当年的高考状元。

看到这张照片，有人调侃自己挤不到这张餐桌上不只是钱不够，还少了一张名校毕业证书。

2016年，《国际金融报》记者对中国A股500名上市公司高管的教育程度做了调查分析，最后发现84%的高管拥有高学历，一半毕业于985学校。薪酬前10位的董事长中有8位毕业于重点本科院校。

优质的教育资源是稀缺的，全世界都一样。好学校不仅聚集了最优质的教育资源，更聚集了一批最优秀的同类人。

你选择的不仅是学校，更是具有同一频率的圈子，而这个圈子直接决定了你未来人生的走向。

第 2 章　我变得不好惹以后，职场越走越顺了

朋友的女儿 Candy，刚刚拿到了悉尼名牌大学法律专业的录取通知书。她就读的高中是一所知名女校，培养出了多位澳大利亚政商界的杰出名人。

我问她上好学校的最大收获是什么？

她答道：不用担心找不到志同道合的朋友！

Candy 是一个喜欢读书钻研的女孩子，她以前在普通学校里，因为爱看书不喜欢出去玩而和周围的同学产生了距离。

为了迎合周围朋友，Candy 不得不强迫自己玩不喜欢的游戏，了解自己并不感兴趣的歌手和电视节目，否则就不能参与进集体的话题中。

在那样的环境里，她觉得不快乐，找不到自己的位置。

后来，她考进了学习风气极好的女校，在这里同学们有共同的志向，以学习为荣。她如鱼得水，再也不用担心自己是格格不入的怪胎。

其间，她也尝试和那些旧友们结伴出门游玩，但她发现，她们之间真的已经没有什么共同话题了。

"她们谈的都是怎么化妆，怎样才能使用假身份弄到酒喝，以及怎样交男朋友。而我感兴趣的是，怎样学好拉丁语，以后上大学是去美国，还是留在澳大利亚。"她说。

《荀子》曰："居楚而楚，居越而越，居夏而夏，是非天性

也，积靡使然也。"

把一个人放到什么样的环境中，他的"习性"自然就会跟着环境改变。

对于正在养成三观的学生而言，如果周围都是混日子的同龄人，出于模仿欲和本能的安全感，他会自动降低对自己的要求，努力合群，迎合周围人的价值标准。

同龄人对他的影响力，远远超过父母的耳提面命与提醒唠叨。

所以，选对了学校就是在人生这个真实而残酷的战场上选对了战友，有了他们的神助攻，就不用担心被人拖后腿，奋斗之路才能走得更轻松。

好学校也攀比，但比的是学习力

以前看到一位作者讲她从学渣逆袭成学霸，就得益于她从普通学校转到了北京一所很牛的重点中学。

以前，她认为学习就是为了应付考试，所以得过且过，从来没有想过自己的未来志向。

直到她因为搬家转学，开始了寄宿生活，睡她对床的学霸姑娘梦想是考上美国的西点军校，她才第一次知道，这个世界上不仅有北大清华，还有那么多厉害的学校和专业。

她由此顿悟，原来"学习"不是一个抽象名词，而是一个可量化、可操作的完整的人生计划。

同学告诉她，西点军校除了培养出了美国最多的将军，还培养出了世界财富 500 强企业中 1000 多名董事长，管理精英比例之高，全美任何一所商学院都无法比拟。

被同学的视野、见识深深折服后，她就把自己的梦想从"当个白领"，也改成了"考上西点军校"。

你不得不感叹，好学校带给孩子的影响力有多大，好学校的学生之间也会攀比，但攀比的不是穿什么牌子的鞋子、衣服，父母多有钱，而是学习能力和发展潜力。

在周围环境的影响下，孩子能够不断突破自己的极限，点燃自己的小宇宙。

后来，尽管这位姑娘没有真正去报考西点军校，但她在同学的带动下博览群书，整天泡在图书馆里，还为了达到军校的体能要求非常努力地锻炼身体，每天跑 1200 米、跳几百个台阶，又因为设定了留学的梦想，特别努力地学习英语。

初一刚入校时，她曾经是班里英文成绩最差的学生，到高一英文统考时，她已经考到了全区第一名。

现在，她们班的大部分同学，要么考上了北大清华，要么直接拿到了美国名校的 offer，毕业后都混得风生水起。

我们为什么要挤破头进名校？

名校并不能保证我们毕业后自动获得高薪职位，也不能确保我们从此人生开挂，所向披靡。

但是，普通人进入名校，收获最大的是能够在周围环境的影响下，重塑自己的精神内核，包括个人的气质、思维方式与眼界格局。

思维影响行为，眼界决定格局。

名校从内到外的高标准能够提升一个人的精神内核，培养一个人自律、自省、拼搏、勇敢的精神，更能借力周围的圈子和人脉，升级整个人生格局。

所以，名校教给你的不仅是谋生的本事，更是有选择和创造自己生活的能力。与优秀的人为伍，你会变得更优秀。

好学校，给你学历，更给你受益一辈子的经历

朋友 Jess 的儿子小 C，高中就读于悉尼一所顶级私立男校，其校风优良，好几任澳大利亚总理都毕业于此。

第2章 我变得不好惹以后，职场越走越顺了

小C在高考的时候获得了全科状元及英文单科双料状元的好成绩。

他给我讲过这样一个故事。

在学校时，他除了学习成绩好，还很喜欢参加辩论。初三时，他被选入了学校辩论队，但队里有许多高年级的同学，人才济济。他得不到重视，比赛时常常被放在备选名单里。

小C很郁闷，很快他发现，这样干等，机会是不会主动来找他的。于是，他便联合同年级的几位同学另组了一支辩论队，向校长申请项目资金支持。

父母知道他的想法后，虽然没拦着他，但还是替他捏了一把汗，担心他如此挑战权威，会不会引起学校的反感。

但校长不仅没反对，还对小C进行了大力表扬，认为他敢想敢做，有行动力，全力支持他另组一支辩论队。

在这种氛围的熏陶下，本来就精力充沛、兴趣爱好广泛的小C成长得非常快，除了学习，他一直在学生会担任要职。

高考结束后，小C成为在国际上享有很高声誉的悉尼文化艺术节的志愿者。本来他只是想体验一下，但两天的活动后，他被艺术节的高层管理者看中，被指定为小组负责人，管理几十名来自世界各地的志愿者。

若论年龄和资历，他几乎是其中最年轻的一个，但之所以

能被委以重任,就是因为他在学校锻炼出来的执行力与领导力。

好学校对一个人的锻造,不只局限于在校期间的短短几年,它给予你的圈子、资源、见识和格局也将会使你终身受益。

柳青说过,人生的道路虽然漫长,但紧要处常常只有几步。

同样是成年人,有些人越过越精彩,有些人却越来越找不着北,甚至走下坡路。其中的差别,往往就是那紧要的一两步所起的决定性作用。

虽然我们都知道,人生是一场马拉松,起点决定不了终点,但往往最关键的那几年,足以定义你的一生。

第 2 章　我变得不好惹以后，职场越走越顺了

因一句牢骚被开除：
那些不抱怨的人，后来怎么样了？

"工资越来越少，物价越来越高，各种扣钱，老师够可怜的了，还各种扣。"

安徽一所中学的林姓教师，因不满学校正常扣除养老保险费用，在校微信群里发了这样一句话。

这已经不是他第一次发牢骚了。之前林老师就经常在单位群里发各种抱怨的话，甚至带脏字，话里话外流露出浓浓的负能量。

年级主任特意找他谈心，希望他顾及影响，不要在工作群里发表过激言论，但没有效果。

这一次，学校决定不再留情，鉴于他往日的言行，给予他全校通报批评的处罚，并取消了他的班主任资格，据说还考虑辞退他。

※

这则新闻让我想起一位中学同学。名牌师范大学毕业后,他没能进入重点中学教书,而只是去了城乡接合部的一所中学任教。

看到那些本来没有自己成绩好的同学,要么去了好单位,仕途顺畅;要么做生意,小有成就;要么到了实验高中,工资高、名利双收……他开始怨天尤人,内心渐渐失去平衡,一边嫌弃学校不好,觉得自己被大材小用,一边又不思进取,觉得自己的不如意都是由所处的环境造成的。

一次,我们在街上偶遇,没等寒暄几句,他就开始滔滔不绝地向我吐槽自己的遭遇。

"你说我容易吗?为了别人家的孩子,我每天早晨6点多就到学校了,一整天都待在学校,顾不上自己的孩子,却带着这个破学校的一帮熊孩子,想想真是不值得!"

我自己也是教师,听到这番话,真是无从答起。干一行爱一行是最基本的职业精神,既然这么嫌弃自己的职业,满腹怨言,那么何苦既为难自己,又耽误别人?

"既然这么不开心,有没有想过换一所学校,或者试试其他行业呢?"我问他。

谁知,这句话又开启了他另一番大倒苦水的倾诉。"你根本

第 2 章　我变得不好惹以后，职场越走越顺了

不知道跳槽有多难，你知道咱们班××吗，他现在多惨啊……"然后开始历数身边亲朋好友的不同遭遇。

总之，在他的眼里，没有哪一个行业是有希望的，也没有哪一个职业是不痛苦的。

"都不容易啊，但有时候我觉得与其抱怨，还不如试着做出改变。"

"你是嫌我在抱怨吗？"他立刻瞪向我，怒气冲冲地走开了。

有些人总是喜欢抱怨处境不好，可是如果让他辞职，去寻找自己认为更好的机会时，他又会断然拒绝。

因为他除了抱怨这一个本领，根本没有能力去外面拼搏，离开了目前的舒适区，他根本生存不下去。

这位老同学后来仍是牢骚满腹，到处说学校不好，还鄙视自己学校的生源差，上课时也极其不认真，每个学期都有学生家长向学校反映，要求调换老师。

最后，他被调去看学生公寓，连教师都当不上了。

西班牙有一句谚语："如果常常流泪，就不能看到星光。"

这句话是三毛在给读者的回信中写的。三毛说："我很喜欢这句话，所以即使要哭，也只是下午小哭一下，夜间还要去看星星呢，是没有时间哭的。"

人生而艰难，生活中的种种现实总是不能让人事事如意、心想事成。只知道抱怨，解决不了任何问题，还会使自己陷入困境，最后作茧自缚，变成自己的受害者。

※

我的表妹大学毕业后没有考上公务员，应聘到街道办工作。她不喜欢这份工作，天天向家人抱怨命不好。

"抱怨命不好，有什么用？命运掌握在你自己手中，好好努力，明年再考。"最后姑父看不下去，劝她道。

表妹心有所悟。她利用休息时间刻苦学习，恶补自己的弱项。第二年，她如愿以偿地考上了理想的公务员职位。

遇到困境，不抱怨不放弃，努力提高自己的能力，改变自己的处境，才是最好的办法。

其实，是抱怨留在原地，还是改变让自己向前一步，你自己说了算。

我的一位好朋友，不满足一辈子从事朝九晚五的稳定工作，果断辞了职。

"你说你，哪根筋不对了？放着稳定的金饭碗不端，非要到外面去受罪。"他的一位同事纳闷儿地问他。

他笑而不答，转身离开了。

第2章 我变得不好惹以后，职场越走越顺了

"哼！看他以后能混成什么样，有没有颜面见大家。"另一个同事看着他的背影冷笑着说。

很多人都等着看他的笑话。

一晃几年过去了。前一段时间，同事的孩子结婚，他也去了。大家这时发现，我的好朋友让那些看笑话的人失望了，他现在过得非常好。

刚辞职时，他去了一家石油技术服务公司，被派到一个钻井队做技术员。他从最基本的取芯、化验、绘图做起。

为了得到一口油井全面准确的资料，爱钻研的他常常付出比别人更多的努力，甚至常常加班守在钻机旁。

油井一般建在荒无人烟的地方，钻井队临时搭建几间彩钢房，办公住宿都在里面。

一到夏天，简易房里热得像蒸笼，蚊子成群结队地飞舞。一天，他趴在桌边绘图，汗水直流，一个工人走进来后，看到他全身心投入工作的状态，大声提醒他："蚊子要吃人了！"

原来，他的胳膊上、额头上到处是蚊子咬过的大红包，而他竟然毫无察觉。

一个人为某件事下多大功夫，就会有多大收获。

他绘制出的油井地质图，数据准确而翔实。一年多后，他就在行业中声名鹊起，好几家石油技术服务公司都高薪聘请他

做总工。

当了几年总工后,他摸清了石油技术服务公司的门道,也积累了一定的人脉,便自己成立了一家石油技术服务公司,外包石油企业技术服务项目。

他不仅实现了自己的抱负,而且赚得盆满钵满。

面对不满意的人生境遇,他一点儿没有抱怨,而是调整自己的节奏和方向,努力改变自己,学会掌控人生。

※

一个名叫卡斯丁的人,早上起床洗漱时,随手将自己的高档手表放在了洗漱台边。妻子随后进来,怕手表被水淋湿了,就将其放在了餐桌上。

儿子起床后到餐桌上拿面包时,不小心将手表碰到地上摔坏了。

卡斯丁心疼手表,不仅大声抱怨发牢骚,揍了儿子一顿,还黑着脸骂了妻子一通。妻子不服气,说是怕水把手表打湿了。卡斯丁怒气冲冲地说,他的手表是防水的。

于是,二人激烈地吵起来。

一气之下,卡斯丁没有吃早餐,直接开车去了公司,快到公司时才突然记起忘了拿公文包,又不得不赶紧返回家取。

第 2 章　我变得不好惹以后，职场越走越顺了

可是，家中没人，妻子上班去了，儿子上学去了，他的钥匙还在公文包里。

他进不了门，只好打电话找妻子要钥匙。

妻子慌慌张张地往家赶时，不小心撞翻了路边的水果摊，她不得不赔了一笔钱才得以脱身。

待拿到公文包后，卡斯丁已迟到了 20 多分钟，受到了上司严厉的批评，他的心情坏到了极点。下班前，他又因一件小事跟同事吵了一架。

妻子也被扣除当月全勤奖。

儿子这天参加棒球赛，原本夺冠有望，却因心情不好发挥不佳，第一局就被淘汰了。

这就是著名的"费斯汀格法则"的由来，是美国社会心理学家费斯汀格提出的理论，论证了因为一件小事可能导致一系列失控的连锁反应的可能性。

"生活中的 10% 是由发生在你身上的事情组成的，而另外的 90% 则是由你对发生的事情做出怎样的反应决定的。"

人生很多时候，总是有 10% 是我们无法掌控的。比如，社会大环境、出生的家庭、单位的规则和薪资水平、他人的言行等。

这些既定事实往往很难变成人们想象中的理想状态，抱怨

非但没有用，反而会恶化现阶段的环境。

然而，又有什么事情是我们能掌控的呢？

比如，对人生目标的规划、对事业的热爱、自身受教育的程度和学习力，以及自己的工作环境和生活的城市等。

这些东西只要你有意愿，并且方法得当，就完全可以通过你的心态与行为去改变，变成你能控制的90%。

于丹曾说："抱怨是一种惰性、一种推脱。"

抱怨是懦弱的表现，它意味着放弃努力，放弃掌控自己的人生；而改变，则是人们向困境发起挑战，让自己变得强大，以便能够掌控自己的人生。

抱怨与改变是两种人生走向，决定着人们今后的幸福指数。

第 2 章　我变得不好惹以后，职场越走越顺了

年龄越大越发现，玻璃心是最不值钱的东西

小伙伴们都知道，我是一个写作者，经常需要长时间坐在电脑前。为了放松身体舒缓大脑，我常常去游泳。

游泳是一年前开始学的，掌握了基本泳姿后，我如今是靠反复练习和自我摸索慢慢提高速度的。

前两天，我刚刚游完，湿漉漉地裹着浴巾准备去更衣室，一个中年女人向我走了过来。

"我注意你很久了，你很喜欢游泳是吧？"

她的唐突让我有点意外，但我还是礼貌地点点头。

"我是救生员，天天能看到你。听我说，你的泳姿不对。你游泳的样子不好看。"

一瞬间，我差点掉头就走，然后去前台投诉她的服务水准不到位。

但我什么都没做。

事实上,我的确是觉得自己的游泳进入了瓶颈期,速度一直提不上去,稍稍游几个回合就已经累得气喘吁吁。说实话,我正在犹豫要不要报个高阶班去提高一下水平。

"你手臂的划水力量不够,知道为什么吗?因为你的左手臂是外翻的……你的头一直没有真正入水,这影响了你的速度……还有,你在做 tumble turn 的时候方向不对,所以你总是鼻子进水是不是……"

就这样,她毫不留情地将我的泳姿批评得体无完肤。不得不承认,她和大多数在公众场合言语客套的澳大利亚人不一样,她的每一句话都直截了当,针针见血,如利刃一般戳到了我的心窝上。

但奇怪的是,我不觉得她有任何恶意,反而一直洗耳恭听,温顺得像个小学生。

因为她的每一句批评,都直击到问题的要害。

第二天,我再去游泳时按照她说的做了一遍,速度一下子翻倍,瞬间觉得自己突破了瓶颈,得心应手多了。

因为丢掉了我那可怜的玻璃心,接受了她的批评,我收获了花钱都买不来的经验。

第2章 我变得不好惹以后，职场越走越顺了

※

上次和一个"35+"的女性朋友聊天，她自己创业几年，不幸受挫后重新找工作。如今从头再来，要和一帮"90后""95后"年轻人在办公室里加班拼命。

我担心她会不会有委屈和压力。但言谈之中，她对于现状并没有诸多抱怨，反而说：这帮年轻人太厉害了，有创意又肯干，我常常在他们身上学到很多东西。

听女性朋友这么说，我立刻放下了心。她的失意只是暂时的，凭借着强韧的内心和海绵一般对新知识、新事物的吸纳力，相信她很快就能东山再起。

只有自信与实力兼具的人，才能用积极的眼光看待别人的努力与进步。

与其自怨自艾，不如迎头赶上。

任正非说过一句很有名的话：

"不要怕批评，要感谢骂我们的人，不拿华为的工资和奖金，还骂我们，是帮助我们进步。"

忠言逆耳。在这个精致利己主义泛滥的时代，别人能够给你批评，是你的运气，而能听得进别人的批评，丢掉玻璃心，更是成功的稀缺品质。

※

年龄越大越发现，玻璃心是最不值钱的东西。

玻璃心泛滥的人，只喜欢听顺耳的话，很容易陷入被找碴儿、被伤害、被孤立的内耗中，哪里还有心思吸收与成长？

最近，我刚刚完成一个剧本创作。在动笔之前，制片人特意问我，编剧这一行有个现象，初稿完成之后往往还会面临几轮修改与完善，甚至到了拍摄现场，因为一些状况，还要根据当时的拍摄条件做出调整。

我一听，顿觉心有戚戚焉。写作这个领域，无论是编剧、新媒体，还是我之前从事的记者行业，哪一个好作品在正式发表之前，不是经过千修万改呢？

十几年前，我刚做记者时，写中英文双语稿件。对于新记者来说，稿子通常要经过三审。一切人物、事实、数据、采访背景，包括遣词用句的细节处都在被反复审核和考量之中。

记得有一次，一篇稿子被连续改了快20次，我还是不停地收到领导反馈的意见。刚毕业的我，正逢年轻气盛兼心高气傲，哪里受得了这种连环负评？

在疲惫与委屈中，我觉得自己肯定受到了刁难，跑到楼道一个角落里抹眼泪。

办公室的一位前辈看到了，过来跟我说了一番话：

"我要说的是这是每一个新记者的必经之路,你可能觉得是老生常谈。但是,我们如此反复打磨自己写出来的东西,其实是在为我们的读者负责。因为你的作品不仅要具有新闻价值,更代表了一个写作者的人品。"

她的一席话让我心生羞愧,为自己的玻璃心感到羞愧。

自己的那点敏感猜忌、小肚鸡肠,差点成为我成长进步的绊脚石。

每一个成功的人,都要经受强大脑力、精神激荡,以及心理素质等多方面的密集训练,才会既能专注自己的追求和使命,又能坦然接受外界的评判,实现表里如一的强大。

优秀与平庸之间,往往隔着的不是别人,而是自己。

职场上发展最慢的，是晚熟的人

　　职场上最吃亏的是老好人，而职业道路上发展最慢的，是晚熟的人。

　　记得刚毕业那几年，我进入机关工作，没少经历打击。刚步入社会的我心思单纯，考虑问题很简单，别人对自己好点就拿真心对别人，但后来发现，职场最忌讳感情用事。职场和学校不一样，有它自己的运行规则，但当时的我无法理解其中的玄机，对人对事都从本心出发，难以考虑周全。比如，我曾经觉得无论公司还是社会都是一个集体，应该像学校教育的那样，多为别人和集体考虑，但现实并非如此。不懂人情世故，你往往会成为被别人利用的牺牲品。

　　初出茅庐的我还觉得职场不应该搞攀关系、吃喝那一套，沟通事情就是沟通事情，开会做事都应该讲效率，不能总是搞表面文章，但现实并非我想象的这般美好。

第 2 章　我变得不好惹以后，职场越走越顺了

作为一路过关斩将的小城市孩子，我从小就勤奋读书，考上了很好的大学，父母对我的保护也比较多，从来不让我过早接触社会，只要一门心思搞好学习就行了，其他事情都不让我操心。真的进入社会了，我还是有着强烈的学生思维，没有花心思了解人情世故，虽然走上工作岗位了，但内心还是简单得如一张白纸。

现在想来，那几年虽然有幸没犯什么大错，但的确是栽了一些跟头的，如果不是因为过于晚熟，最初的职业道路不会走得那么辛苦，也能避免不少弯路。

莫言在《晚熟的人》一书里提到，晚熟的人可以保持进步的心，但是在职场上，晚熟的人往往发展得最慢。

在社会上摸爬滚打后，你才会意识到，一个人的价值提升终究是有限的，而资源整合是无限的。只有两者兼而有之，你才能拥有开挂的人生。

哪几种家庭出身的人，最容易晚熟？

底层家庭的人

家庭条件不好的人，父母认知或者受教育程度不高，情商

也不高。父母还在为生计打拼，没有时间和精力教孩子各种为人处世的规则，或者自己本身也没有这方面的积累，在这种环境下长大，没有耳濡目染，对整个社会的运行逻辑、对人性的洞悉也就比较晚，晚熟是自然而然的事情。

"穷人的孩子早当家"是人们都知道的道理。但这里的"早当家"更多的是指谋生技能，而不是指思想的成熟度。因为穷苦代表闭塞，闭塞造成见识短、眼界窄，无法窥视这个世界运行的潜规则，导致进入社会后，因为缺乏规划和有远见的指引，各方面总是晚一步。再加上不谙人情世故，在待人接物方面表现得笨拙木讷，读不懂别人的弦外之音，就更不用说整合资源，驾驭人际关系了。

我的闺密在国内一家大公司担任高层职务，她跟我分享过一个有意思的发现：公司年轻的员工里，无论实习的，还是新来的，眼里有活的，会为人处世，工作努力而且讲究方法会变通的，往往是家庭条件比较好的。而家庭条件不好的，不仅整个人的精神面貌、穿衣打扮不行，而且做事的时候总是一戳一动、不戳不动。教他们东西时，必须嚼碎了揉烂了，甚至要反复说才能慢慢领会。不是这些年轻人的智商有问题，他们往往是在学校学习成绩更好的，而是他们处理问题的思路太呆板。

而富裕家庭的孩子，从小见多识广，眼界在父母和周边环境的影响下，比穷人家的孩子要高出很多。等长大以后，在人生的关键节点上，家人能够给予指点和引导，就能够使他们少走很多弯路。

没有这种条件支持的孩子，只能靠自己摸索，直到自己撞得头破血流了，才能明白一些社会运行的规则。当然，其中的代价就是许多大好的青春岁月就这样被消磨浪费掉了。

中产家庭的人

小康中产家庭的孩子，一般物质条件相对还不错，生活环境也比较安逸，父母要求不会那么高，通常比较溺爱孩子，孩子可以按照自己的喜好生活，不会过早接触社会，既不用搞关系也不用操心外面的世界。这种环境中长大的孩子，因为被保护得太好，太单纯而容易晚熟。

他们在上学的时候，以为学习好就是一切，等到工作以后才意识到，一个人的成功需要多方面素质的加持，只知道死干没有出路，路反而容易越走越窄。

工作中，在处理很多现实问题时，晚熟的孩子表现得很天真，变通性不强。比如，领导给他布置一项看似简单的工作，他以为做完就行了，却忽视了后面隐藏的利害关系，以及领导不便明说的事，这些才是领导想要他完成的核心部分，但他想不到。

在对待人情世故上，晚熟的人也没有其他同事灵活，就是俗话说的"不会来事儿"，在不知不觉中树了敌而不自知。

这种类型的人，如果一直单纯下去，要么面临被打压的局面，要么因为业务能力突出，在职场有一席之地，但是往往很难成为领导，最多一辈子当业务骨干而已。

怎样避免晚熟？

实话实说，晚熟并不是一无是处，就像莫言说的，善良的人都晚熟。之所以晚熟，就是因为你还保持着真诚的初心，对人对事的道德感强。这样的人往往是赤诚的，愿意为别人着想的人。

同时，晚熟的人往往经历比较简单，甚至一直过得比较顺利，内心才能保持着那份单纯、不世故，做事也是直来直去，简单直接。

但是，随着年龄的增长，吃过一些亏上过一些当，就会慢

第2章 我变得不好惹以后，职场越走越顺了

慢成熟，毕竟我们不可能永远不经世事。成熟需要的是时间，同时需要历练。

成熟分为两种：一种是主动型的，受家庭环境影响，甚至可能是天生的，能够主动接受人生的一些难题，游刃有余地解决在现实生活中遇到的各种问题；另一种是被动型的，被动成长，被困难和挫折、被各种坑和一次次的头破血流慢慢催熟。

晚熟对于普通人的启示，就是我在本书中一再提及的观点：无论我们出身于什么样的家庭，在什么样的环境里长大，都不能自暴自弃，而且要不卑不亢。即使你的条件已经很好，也不要贪恋自己的舒适区，一定要尽早走出去，到大城市去，无论是读书还是工作，一定要尽量争取去发达的大城市见见世面，多些历练。为自己，也为自己的下一代谋一条更好的出路。

成熟有先有后，但你迟早都要具备，否则永远无法翻身。

晚熟不可怕，这个世界最怕装睡的人——本身过得不如意，却得过且过，还能理所当然地安慰自己，为躺平找合理的借口。

专注力才是自己的核心竞争力，不要关心和自己无关的一切

最近分别和两位朋友见面吃饭。这两位朋友都是生意人，但风格迥异。一位是话不多的寡言型，聊的内容非常务实，我们谈论的是一个共同参与的投资项目，所有的话题都围绕这个项目进行，不闲聊不八卦，他不关心的话题一句话都不会多说。如果你刚刚认识他，可能会觉得他格局小、视野狭窄，因为他三句话不离本行，从不说一句闲话，是个在社交场合中让人感觉有些"无趣"的人。

但我们认识已经十几年了，我非常了解他的为人，他就是这种风格，不看热点新闻，不关心八卦，所有的关注点都在自己正在进行的业务上，非常专注认真，做事情靠谱。

另一位朋友则是典型的"社牛"，非常能聊，而且会聊，什么话题都能说上几句，远到国家大事、世界局势，近到身边的

第2章 我变得不好惹以后，职场越走越顺了

社区八卦，谁家发生了什么都一清二楚。有他在的场子永远气氛热络，不用担心冷场。

这两位朋友虽然性格不同，但他们参与的生意都属同一个行业，结果却大相径庭。第一位朋友的生意已经做了十几年，无论是市场好的时候还是差的时候，盈利都很稳定，每年都有固定分红。

而第二位朋友负责的项目，名头很大，也是市场上非常有竞争力的产品，这几年行业还赶上了好时候，其他同行都赚得盆满钵满，他却亏得一塌糊涂，不得不出清自己手上其他的资产去弥补亏空。

从这两位朋友身上，我明白了一个道理：你的注意力在哪里，哪里就能出成绩。人的精力有限，你想赚钱就要关心能给你带来盈利的事情，专注力才是自己的核心竞争力。

这正应和了我的一位前辈说过的一段话：穷人，关心的不是自己的生计，而是一切与他无关的东西。而真正厉害的人不会尝试关心这个世界的一切，什么事都想凑点热闹，什么话都想掺和两句。说白了，爱管闲事的人都是在假装努力。

※

有一位做自媒体的朋友小果。我是一天一天看着她从小白

发展成为知名博主的。小果毕业于一座四线小城市的专科学校，最开始的工作收入很低，工作也不是她自己喜欢的，她一直想找一份自己真正热爱又可以持续发展的职业。

小果和她的一位好朋友有一个共同爱好，两个人都非常爱看悬疑故事，也喜欢研究犯罪案例，她们常常一起看国内外的各种纪录片，分析案情。于是，小果提议两个人可以利用自己的爱好，整理国内外知名的犯罪案例，然后在自媒体上分享给别人，说不定就能开启自己的一份新的职业生涯。

那位朋友是很保守的人，她听到了这个想法非但不支持，反而觉得小果太天真了，觉得是浪费精力和时间，并不感兴趣。但小果行动力很强，她说干就干，开启了做播客的生涯，聚焦于分享国内外知名犯罪案例上。

自媒体听起来挺有意思，但其实是个辛苦活，需要定期更新，查找梳理大量资料，录错了还要重新录。最主要的是，最初的投入都是没有回报的，大量的时间、金钱很可能一去无回，得不到任何报酬。最初几个月，朋友在一旁看到小果忙前忙后却收获寥寥，关注的粉丝也很少，便开启了冷嘲热讽模式："瞧，我说得没错吧，你就是在浪费时间……"

但小果没有放弃，她继续坚持，持续输出，慢慢地，功夫不负有心人，她的播客有了起色，关注她的人越来越多。如今

第 2 章 我变得不好惹以后，职场越走越顺了

三年多过去了，她已经是各个播客平台的大V，广告接到手软。她也辞去了原来的本职工作，还搬到了省会城市，做起了职业播主。小果组建了自己的工作室，除了做主播，也在培养自己的团队，目标是涉及更多的内容，打造自己的专业品牌。

因为够专注且不怕最初的挫折，小果最终实现了自己的梦想，摆脱了原来枯燥且没有前途的生活，顺利转换了职业轨道，人生也踏上了全新的起点。

在现实生活中，像小果这样专注的人并不多，更多的是那些夸夸其谈的人，他们无法专注在具体小事上。他们每天四处张望、到处打听，这边听一点那边看一点，时间都花在了到处"偷师"上。他们到处操心，到处指点江山，但永远原地踏步，收获甚小。

※

一个有远见、有思想的成年人，时间是最宝贵的，注意力也是最有限的，要做到：

凡是可见可不见的人，一律不见。

凡是可做可不做的事情，一律不做。

凡是可问可不问的问题，一律不问。

只找一件事情去做，这件事情能够让你赚到钱就够了。每

个人的精力和时间有限，与自己无关的事情，不要花费注意力去关注，关注多了，不仅注意力会失控，自己的情绪和生活也会失控。

特别是心理不够强大、本身能量弱的人，一定要学会排除外界干扰，摒弃杂念专注自身。做事情之前要想，但是不能只是空想，什么都不做或者不敢做，否则你的事业永远都是在空想阶段，无法变成现实。

所以，要学会专心做自己能做的事情，做不了的就不关心。人要成功，不需要很多的招式，一个招式对了，就能让你无敌。

专注力才是一个人的核心竞争力，把一件事情做到极致，自然能安身立命，自然不用再焦虑。

第 2 章　我变得不好惹以后，职场越走越顺了

我变得不好惹以后，职场越走越顺了

我的一位朋友是大公司的高管，她跟我分享过一个现象：公司里那些混得好的，往往是不好惹的员工。

她举例说，同样是很有才华的两个人，一个爱争爱抢，说话做事有脾气，谁都不敢惹他，他混得越来越好。而另一个人比较佛系，不争不抢，虽然工作能力很强，但很可能被日益边缘化，难有大的发展前途。

朋友帮我总结不好惹的员工，一定具备以下几个特征。

第一，就是你要足够强，给自己立一个"不好惹"的人设。

人际交往中，懦弱是最不受待见的人设，因为人有慕强天性，没有人会喜欢一个懦弱的人，如果你表现得紧张、胆怯、卑微、讨好谄媚，只会招来别人的轻视和漠视，还可能会遭受这世间最深的恶意。

无论有没有背景、有没有资历，在人际交往中，你首先都

要有一个强硬的态度，让别人知道你有原则，你的底线不容践踏。别人惹到你，一定要反击。

我在前面关于"老好人"的章节中，曾经提到一位老前辈同事的故事。他在单位不好好做事反而以欺负实习生和新人为乐，这里还有一个关于他职场霸凌的事例。

在我入职第二年，又来了几名新员工，同样地，这位倚老卖老的前辈又故技重演，玩起了霸凌把戏。其中一位刚毕业的男生，在老前辈第一次使唤他做私事的时候，就委婉地拒绝了。

老前辈不甘心，第二天一上班就在办公室里当着众人的面，嘲笑这位刚入职的男生："××，你是那个 ×× 大学毕业的吧。你们那个小地方我去过，又穷又破，我都没想到你们那里竟然还有一所大学存在。"

男生听到后，并没有生气，而是微微一笑："是的，我的家乡和北京比起来确实不大。我们学校也不算很知名的大学，但是我所在的专业是全国闻名的。而且您知道的，我们都是凭借着优异的专业成绩被招录进来的。今年咱们单位的录取比例是 1 比 100 多，我们几个也是过五关斩六将，一轮轮考进来的……"

他的这个回答可谓一语双关，不仅完美反驳了老前辈攻击他能力不行的问题，更直接打脸老前辈的不专业背景。因为我们都知道，这位老前辈要才华没才华、要实力没实力，听说当

第 2 章　我变得不好惹以后，职场越走越顺了

初能进单位也是靠了某种关系，都到退休的年纪了，也没有得到任何升迁，还是办公室最基层的小职员。眼看着别人一步步顺利升职加薪，他只有眼热嫉妒的份儿。

职场上，没有实力的友善，是不会被珍视的。别人尊重你，不是因为你的友善，而是你的实力。这些实力包括办事能力、社会地位、财力等，即使这些东西你都没有，也可以拥有坚强独立的个性：不会被别人轻易 PUA，有自己明确的底线。

当有人试图攻击你、为难你时，记住要当场反击回去，不然他还会一而再、再而三，越来越得寸进尺，欺负你上瘾。你若不反击，不仅让他觉得你好欺负，其他在场的人也可能有样学样，所有人都可以轻易得罪你，因为他们看到了你的软弱。

第二，敢争、会争。

刚从学校走出来的年轻人，或者那些只知道埋头苦干的人，内心总是信奉一句话：是金子，总是会发光的。

在很多人朴素的观念里，跟别人争东西是不体面的，很不"仁义礼智信"。他觉得只要自己努力干活，把事情完成得漂亮就行了，别人一定能够看到，有好处自然会想到自己，甚至把好处让给自己。

但现实恰恰相反。你不争，就等于把属于自己的东西拱手相让；你不争，领导认为你没有想法，没有需求；别人争了，

即使他技不如你,领导也会看到他强烈的进取心。

想想看,两个风格迥异的下属在领导眼里的形象:一个是不争不抢,埋头苦干,任劳任怨;另一个是做出成绩就会积极表现,手段灵活、人缘好。当有好处的时候,领导会怎么想?

俗话说:"会哭的孩子有奶吃。"在利益面前,你自己都没要求,领导自然会顺水推舟地给了你的竞争对手。

这个世界一直在奖励那些积极进取的人。在职场上,敢争的人给人留下的印象是有上进心;而不争的人,会被认为安于现状,得过且过。

如果你跟的是一个会争的部门领导,整个部门的员工都会享受到更多的资源、良好的工作氛围、积极的发展。

曾经有一个大项目,好几个部门都在抢,落到哪个部门,哪个部门一整年的营收就不用担心了。积极的领导一定会去争,给自己的部门谋福利。就算这个项目已经被别人捷足先登了,但我们部门的领导还是尽力去争取,让项目投资方看到了他强烈的决心和诚意,最后改变了主意,把项目交给了他,可谓"虎口夺食",把他的进取心发挥到了极致。

在他的引导和带领下,我们部门的创收每年都是最好的,我们部门员工的个人发展也是最快的。

第三,不要害怕冲突。

我们都知道要以和为贵，但在现实的人际交往中，尤其是在职场上，冲突在所难免，明的暗的，你都要习以为常。

在关键的场合，要学会勇于发表自己的看法，不要怕自己的看法与别人的不一样。唯唯诺诺，没有立场，只会让别人轻视你、边缘化你。学会面对冲突、处理冲突，并且做冲突中的赢家。人们只会尊重赢家，这是人性使然。

第四，低调，但也不要把姿态放得太低。

低调做人，高调做事。低调是指对自己的私生活少谈论、少曝光。高调是指自己做的工作成果、自己的工作能力要多展示，让别人看到你的厉害之处。

如果你总是以低姿态示人，别人就真的以为他高你一等。我们不需要事事高调，但适当的时候，展示一下自己的实力，让别人刮目相看，也是很有必要的。因为人的本性是慕强的，不显摆也不必谦卑忍让，大大方方、自信做自己。

第五，树立自己的亲和感。

当你树立了自己不好惹的人设之后，接下来是打造自己的亲和感。比如，社交时主动进行一些小互动，展示友好，加强别人对你的好印象。学会开口请教，同身边人分享资讯，不要板着脸拒人于千里之外。

你要做到的是，看着好相处，但做事够狠。

读到这里，你可能会觉得，对于打工人来说，去工作不就是上个班，至于这么思虑周全、瞻前顾后吗？

这句话问对了，正是作为打工人的我们，选择反而是最少的，谁不是为了碎银几两，不得不向现实低头？职场如剧场，除了提高专业技能，还得适时磨炼一下演技和随机应变的能力。这不是虚伪，这就是人情世故。

第3章

你可以不世故，
但是不能不懂人情世故

学会"幸存者思维":
聪明人从不做无谓的报复,而是掉头离去

曾经收到一位读者留言,她发现自己的未婚夫出轨了,而且不止一次:

"我们本来年底就要结婚,婚房都开始装修了。我该怎么办?我妈劝我分手,长痛不如短痛,但我不甘心啊,他是我除了初恋外的第二个男朋友。大学刚毕业就和他在一起了,和他谈这么久是奔着结婚去的,婚房我家也是出了钱的。我真的很气很气,这么多年的付出却换来这样一个结果,好想报复他!"

我认真地给这个姑娘回了信,大致内容就是劝她赶紧跑,离开这个渣男。我想告诉她"及时止损"这个道理。

第 3 章 你可以不世故，但是不能不懂人情世故

作为成年人，要允许任何人随时离开，也要允许事情没有如愿发生。遇烂人及时止损，遇烂事及时抽身，聪明人从不报复，他们会转头离去，重新开始。

我对她说："想象一下，等你们结婚了，甚至有了孩子以后才发现他出轨，你的沉没成本就更大了，那个时候才叫进退两难。从这个意义上说，你不是受害者，而是幸存者。"

巴菲特的好朋友，投资大师查理·芒格解释过"幸存者思维"这个理念：

我不会因为人性而感到意外，也不会花太多时间感受背叛。我总是低下头调整自己去适应这类事情。不要把时间浪费在已经发生的糟糕事情里面，它不可挽回了。所以，我不允许自己花费太多时间去当一个受害者，我不是受害者，我是幸存者。

人性的黑洞，你觉得它是芝麻就有芝麻那么大，你觉得它是银河就有银河那么大。我们要用自己的能力覆盖它，而不是被它吞噬。

当你越向上走，越懂得一个道理：人生要有不较劲的智慧。不和烂人烂事纠缠，他们只会把你拖入泥沼。

有些坑，老天让你踩，其实是在教你。

敢于拉黑让你不舒服的人

感情上遇到人渣很不幸，人们在生活中也可能被"垃圾人"环绕。若遇到了也不可怕，和处理渣男的态度一样，及时止损，避而远之。

有些人就像垃圾车，他们装满了垃圾四处奔走，充满懊悔、愤怒、失望的情绪。随着垃圾越堆越高，就需要找地方倾倒，释放出来。他们会逮着一切机会到处碰瓷、找碴儿、泄愤。如果你给他们机会，垃圾就全部倒在你的身上。

这类人的时间最不值钱，你一旦和他们较上真，你的时间就会被吞噬，你的精力就会被消耗殆尽，甚至变成和他一样的"垃圾人"。

对待他们最好的方式是该删除删除，该拉黑拉黑，离得越远越好。拉黑不代表你内心不强大，反而是你有选择权的表现。因为能在你身边和你亲近的人都需要经过挑选，而非盲目收集。

学会拒绝，让别人觉得你不好惹

一般的朋友你可以拉黑绝交，如果对方是领导，或者是必须来往的亲友怎么办？

我的建议是：学会对他们说不，让他们知道你的底线在哪里。

知名经纪人杨天真分享过非常实用的拒绝技巧，并适用于职场、创业、社交等很多场合。

比如，直接拒绝的时候，要表明因为不可抗力，你有什么困难帮不了对方而必须拒绝，不给他们留回旋的余地。

积极拒绝：给对方一个替代方案，主动帮他分析问题，推荐另一个求助对象，或者根据他的状况提出一些建议。虽然是拒绝了，但是让对方感受到你的积极态度。

委婉拒绝：给对方一个无法接受的方案，跟他谈条件，给他设置障碍，无论他怎么死缠烂打，都要让他知难而退。

使用"幸存者思维"处理问题

面对困境时，你是受害者，还是幸存者？

受害者思维是指因为受到伤害、挫折，陷入困境而无能为力、自暴自弃，甚至想摆烂到底的状态，是行动力的反义词。

而幸存者思维是指好险，幸亏现在发现了、止损了，如果再发展下去，我的损失会更大。

人们有时候无法支配自己的命运，但可以决定对待命运的态度。一个人处理事情，尤其是棘手事情的态度，藏着他的见识修养，也决定了他的生活走向。

遇人不淑，遇事不顺，过好自己的生活就是最好的报复。而且，你要相信能量守恒定律，伤害你的人不会一直走运。

举个例子，你站在一楼，有人骂你，你听到了很生气；你站在十楼，有人骂你，你听不清，还以为他在跟你打招呼；你站在一百楼，有人骂你，你放眼望去，只有尽收眼底的风景。

这就是格局。事来扛住是本事，事过翻篇是格局。

人生最大的乐观是，只要人没事，大不了从头再来，下一步就是翻盘。

杨绛先生说："这世上没有不带伤的人。有的人在伤痛里沉沦，放弃余生；有的人顶住命运起伏，迎来新生。"

一个人可以是弱势群体，然而但凡他不以弱者自居，他就绝不是弱者。格局大的人总是向前看，做自己人生的强者。

第 3 章　你可以不世故，但是不能不懂人情世故

懂得麻烦别人，你就掌握了社交的部分精髓

钱锺书在《围城》一书里讲，最好的恋爱方式是"借书"，因为有借就有还，这样就有了"来往"，一来二去，两个人就互生暧昧了。

建立人际关系的方式，何尝不是如此呢？

你借了一个人情，就是麻烦别人一次，适当的时候还回去，这样一来一往，关系也就渐渐拉近了。

好的关系，是麻烦出来的

曾听一位朋友倾诉：

"我一直以来最怕麻烦别人了，哪怕想到了某个朋友，想给他打个电话聊天，也得纠结半天，怕对方正在忙，打扰到人家。

想念家人了,也不敢轻易说出自己的感受,怕父母想多了,担心我。工作上更是怕给别人添麻烦,什么事情都自己扛。"

心理学家武志红从心理层面剖析了这一现象。

"很多人怕麻烦别人,但是不麻烦彼此,关系也就无从建立。有这种麻烦哲学的人,难以发出对关系的渴望,所以势必会退回到孤独中。"

我目前和家人定居在悉尼,虽远离家乡,但幸运的是,我有一位特别棒的邻居——83岁的老太太玛格丽。她开朗大方,为人和善,和我们一家的关系非常融洽。

我们刚刚搬到这个社区时,我还不太会开车,出行很不方便,毕竟住在地广人稀的澳大利亚不会开车简直寸步难行。

先生要上班,我要带娃,没时间练车。玛格丽看到我的困境,还没等我开口,她就主动提出帮我看娃。我有时间集中精力练车,很快就拿到了驾照。

她告诉我哪所幼儿园口碑好,哪位教师值得信任,帮我给孩子找靠谱的学校;我不会园艺,她就告诉我花草树木的名称,教我怎么施肥、怎么防虫等。

总之,在她的帮助下,作为新移民的我们得以迅速适应异国他乡的生活,结结实实地体验到"远亲不如近邻"。

但好的关系一定不是单向的,而是彼此互动,"麻烦"出来的。我麻烦玛格丽，同样也会主动创造她麻烦我的机会。

她出门旅游的时候，我会帮她收信；我并不擅长做菜，但逢年过节还是会送上一份自制的点心或者菜品给她尝尝；中国新年时，我们邀请她去我们全家最喜欢的餐厅吃一顿中式大餐；我们出门度假，孩子们总会给他们的"玛格丽奶奶"寄一张明信片，写上他们想说的话。

有来有往，我们渐渐对彼此敞开了心扉，互动越来越良性。

同时，我也发现玛格丽是那种善良带着锋芒的类型，她并不是老好人，也不对所有人有求必应。

比如，我们附近一座公寓里住着一个爱滋事的"刺儿头"，远近闻名。玛格丽对这个"刺儿头"就毫不客气，还因为一件她看不过的事情和对方打了一场小官司。

在玛格丽的身上，我看到了拒绝和麻烦的界限。

一个成熟的人，会拒绝别人的不合理要求，也会主动迎接和接纳别人必要的"麻烦"。

这是一种心智成熟的表现，更是一种面对生活的坦然与淡定，是高情商的必备要素。

学会求助，才能走得更远

会麻烦别人，是一种最好的刷存在感的方式，而且往往能刷出好的人脉。

多年前我在一家知名大媒体实习，办公室里很多人的名字都如雷贯耳，都是我平时在报纸杂志上经常看到的署名。因此，一开始我如林黛玉进贾府般"步步留心，时时在意"，唯恐自己说错了话、做错了事，出了丑，更不用说麻烦别人了。

不懂的不敢问，弄不明白的就自己死磕，结果学得很吃力，挫折感满满。

但我发现，跟我同时进组的一位姑娘的风格却很不一样。

前辈带着我们出门采访，一路上她问了各种小白问题，一点儿都不担心麻烦前辈。她不会写采访稿，总是拉着资深的老师问东问西，连电脑操作上的一些技巧都是去隔壁办公室的一位技术达人那里学来的。

被她求助的人并没有嫌弃她，反而都对她笑脸相迎，她也很快在办公室内混了个脸熟。

我仔细观察发现，她不是所谓的"会来事"，而是一种发自内心的自信坦然。有困难的时候她总能找对人，主动求助；别人需要她的时候，她也会真诚地帮忙。

第3章 你可以不世故,但是不能不懂人情世故

她很快就在我们一众实习新手中脱颖而出,是我们这群人中最早签就业协议的一个。

我后来才慢慢明白一个道理:

无论咖位大小、金钱多寡,人在这个世界上活下去的一个最重要的动力是被别人需要。

当感觉自己被需要的时候,人们才会活得有劲头、有追求,生机勃勃。

所以说,被麻烦是被需要,而麻烦就是一种成全。

因为人脉的建立,本质上就是一种相互成全、相互需要。

你的独立存在、你的谨慎小心,虽然不给人家添麻烦,但是也很容易让别人忘记你的存在。不给别人添麻烦的人,慢慢地也就没有了存在感,更何谈人脉。

胡适十几岁的时候被送往上海读书,母亲在送他到车站的时候说:"你要到更大的世界了,我再也帮不了你,自己去闯荡吧,送你四个字——学会求助。"

靠着这四字箴言,胡适在外求学、工作都一帆风顺,也成就了一番事业。

在《奇葩说》节目中,罗振宇也说过类似的经历。他去上大学离家时,他的爸爸告诫他:"儿子,以后要独闯世界了,记住要学会求助。学会适时借助别人的力量,你才能走得更远。"

罗振宇认为，给别人添麻烦本质上是协作，因为人类社会有一个特别重要的机制，就是协作。

作为一个会协作的社会人，懂得适时向别人求助往往更容易将事情促成，达成自己的目标，实现双赢。

"麻烦"的尺度该如何把握？

麻烦别人不能毫无节制与分寸，要有尺度和方法。

第一，麻烦有尺度，往来有界限。

闺密小米跟我说，她最近忍无可忍地拉黑了一个朋友。这源于小米的先生最近常去香港出差，小米的那个朋友知道后，就开始了让小米先生为她充当人肉代购的旅程。

刚开始只是买几罐奶粉，后来越来越离谱，她在网上登录香港各大商场的网站搜罗打折名录，今天买玩具，明天买化妆品，甚至最夸张的一次，要求小米先生在店里当场和她视频连线，给自己家人挑选衣服。

小米和她先生实在无法继续忍受她的无理要求就拉黑了她，好几年的友谊也因此戛然而止。

罗振宇在《奇葩说》节目里还说过这样一段话：

第3章 你可以不世故,但是不能不懂人情世故

"我们每个人在社会上赤条条生下来,我们没有任何权利、没有任何资源,但是我们有一件事情可以做,就是发行社交货币,发行一个货币就是给别人添一个麻烦。"

但是,我们的社交货币毕竟有限,不能随意使用,更不能滥用。

一个有分寸的人,不会因为鸡毛蒜皮的小事处处麻烦别人,也不能不顾及场合和对方是否方便,而随意麻烦别人。

没有分寸感,就成了让人厌烦的人。

第二,好的关系是双向的,麻烦"债"要记得及时还。

相反,把握有度的"麻烦"就是在一次次恰当互助中建立稳固的关系,经得起时间和金钱的考验,才是朋友的真正意义。

现代人很忌讳和自己的朋友出现金钱瓜葛,认为在金钱和利益面前,关系容易变得脆弱不堪。

但同时,金钱才是检验一段关系和感情的试金石。这一关过了,你们的关系会更近一步;过不了,缘分也就尽了。

上次听到高晓松说他和朴树之间借钱的故事时,挺有感触。

前些年,高晓松因为职业瓶颈,事业一度陷入停滞状态,手头拮据。他思前想后,决定去找那时正当红的好友朴树借钱渡过难关。他给朴树发信息后,朴树言简意赅,只回了四个字:多少?卡号?

然后直接转了账。

后来，当朴树陷入事业低谷时，高晓松也伸出了援手，还上了自己欠的债及情谊。

真正的关系，经得起金钱的考验；真正的患难之交，更不会因为金钱而打折。

武志红说："一个人的幸福感，是建立在社会关系基础之上的。"

深以为然。

一个身心健康、心情愉悦的人，必然不是孤家寡人。他一定有着稳定而亲密的社会关系，身边有家人，有三五好友、一两知己，有爱他的总是舍得麻烦他的人，也有他爱的总是愿意伸手帮一把的人。

在职场和生活上会麻烦别人的人，深谙礼尚往来的社交精髓，知道自己的软肋在哪里，因此铸就了一身铠甲。他们懂得协作与配合，以单枪匹马的姿态活出千军万马的精彩，往往走得更快更远。

第 3 章　你可以不世故，但是不能不懂人情世故

你可以不世故，但是不能不懂人情世故

电视剧《少帅》里，张作霖对张学良说："江湖不是打打杀杀，江湖是人情世故。"古龙也说过："有人的地方，就有江湖。"

这两句话连起来：有人的地方就有江湖，江湖就是人情世故。

从马匪到大军阀，张作霖把江湖中的"人情世故"研究得明明白白。那么，什么是人情世故？

与人沟通的那些规矩、各种关系的处事原则就是人情世故。

不知世故，你的人生就像一辆没有导航的车，在旅途中横冲直撞，直到被摔得鼻青脸肿后，才意识到不懂世故做事情就会困难重重，要比别人付出更多的时间和代价。

你可以没心机，但要懂人情世故。

人情世故的核心：价值交换

黄渤说过，当你弱的时候，身边坏人最多。

人性都是趋利避害的，人与人之间在本质上只存在一种关系，那就是利益关系。只要有利益，价值就可以交换，关系再疏远的人都能够捆成一团。一旦损害到利益，就连亲人之间也可能老死不相往来。

学会人情世故的前提是你要有能力和价值，而能力的表现之一就是挣钱，或扩大你在社会或圈子中的影响力。有些人可能会说，我有钱，我就不用社交了。很多时候，即便你有钱，但没有用来扩大你在社会或圈子中的影响力，你也一样不被人待见。

进入一个圈子之后，首先是找到自己在这个圈子中的位置。在自己的位置上该做什么事情，把它做好，自己的地位就会稳固。接下来是发挥自己的影响力去联结其他人，慢慢建立你的人际关系网。

学会维护关系

还记得我二十几岁的时候，身上有不知所谓的清高，讨厌

第3章 你可以不世故，但是不能不懂人情世故

世故圆滑，不喜欢父母送礼请客那一套。公司团队聚餐的时候，看到殷勤的同事给领导倒水敬酒，还会嗤之以鼻，觉得大可不必。

但后来才慢慢意识到，无论是中国还是外国，都是一个重人情、讲关系的社会，基本的聚餐社交、请客送礼都是生活中不可缺少的活动。礼物送得恰当会收到非常好的成效，达到有效办事的目的。

作家刘墉总结过：送礼有个原则，就是看对象。生活上短缺的朋友，你最好送他有实值的礼物；生活优裕的人，你可以送个有情趣的物品。送礼给前者，你的姿态要低，才不伤人；送礼给后者，你的姿态要平，才不显得谄媚。

还有些小细节需要考虑。比如，送礼要注意场合：要尽量避开公众场合，在私人场合私下进行。送礼要注重方式：在特殊的日子（如生日、乔迁等）送一份特殊的礼物效果会更好。

与人交往能够投其所好，双方都能各取所需，才是恰到好处的关系。

要学会夸奖人

当有人在背地里跟别人说你的坏话时,你不要为了回击也去说他的坏话,这样只会让别人觉得你和他是一类人。你可以假装不经意地夸奖他、认可他。时间一久,别人心里就清楚你和他的区别了,他的话自然也就没人相信了。

别人在夸奖你的时候,你要学会把这个夸奖转移到他的身上,这样既能让自己得到认可,又不会招来别人的嫉妒。

还是举一个黄渤的例子。有一次他上鲁豫的节目,鲁豫说他:"你现在很火啊!"黄渤直接回答:"那可不,都能坐这儿和鲁豫聊天了!"既不贬低自己,又抬举了对方,大家都开心了,气氛变得更融洽了。

保持边界,不多管闲事

不要随便插手亲戚朋友的人生大事,如买房买车、上大学填志愿,也不要插手别人恋爱结婚的事。当他们问你的建议时,最好不要随便提。这些都是人生的关键点,如果他们听了你的建议,结果好的话还好,一旦出了问题,责任都会推到你的身上。

第3章 你可以不世故，但是不能不懂人情世故

再好的关系，也要注意边界。闺密和她的男朋友吵架了，找你吐槽哭诉。除非是人品和原则问题，否则不要顺着闺密去说男生的不好。你倾听就好，不要掺和，否则他们和好后，尴尬的就是你。

高调做事，低调做人

永远记住，展现优越感是人际交往的大忌。你要学会高调做事，低调做人，处理事情时要高调、坚定，做人的心态则要低调。

无论你多么成功，都要沉住气，不要炫耀你的财富与成就，这世上没有多少人是真正希望你过得比他好的，你的低调就是对他人的体谅与尊重。

有人议论别人的时候，你最好不要插嘴，听到敏感话题时，要借故走开。少表达自己的看法，也不要主动给别人提建议。

尊重每一个你遇到的人，不要高低眼看人，学会和不同性格的人相处。比如，你特别讨厌某个人，但是要知道能在一定位置上的人一定有他的过人之处，不管你多么不待见他，如果不能避开他，就与他合作共赢。

好好经营朋友圈和社交媒体

我新认识一位朋友，加上微信后，总是会忍不住先点开他的朋友圈，通过朋友圈来了解这个人的风格与为人处世的方式。

社交媒体、微信朋友圈就是现代人的脸面，是社交生活的重要组成部分。好的朋友圈可以成为打造和提升个人魅力的最佳途径。

不要把朋友圈当作你的私密空间，随心所欲地发泄自己的情绪。成熟的第一特征就是没有情绪，或者说不轻易暴露你的情绪。每天在朋友圈里宣泄负面情绪的人，很难给别人带来良好的情绪价值。

我们应该展示自己积极的正面的形象，不要动不动就独自感伤、悲天悯人，甚至满腹牢骚，看什么都不顺眼。这会让别人觉得你是一个情绪不稳定的人，降低你对别人的吸引力。

永远不要说自己不好的事情，自嘲也尽量不要。比如，不要说自己胖、丑、懒。如果照片上的你太胖了，你的描绘一定要跟健身、控制饮食和运动联系在一起，你提及的是具有建设性的建议和解决方案。这种积极向上的态度更容易让别人共情，带来很好的价值体验。

第3章 你可以不世故，但是不能不懂人情世故

那些可以帮助你进阶的人情世故书单

除了在日常生活工作中实践社交技巧，读书也是一个帮助人懂得更多人情世故的有效途径。读书可以帮助人们从心理和逻辑层面充实和武装自己，解决生活中面临的实际问题。

《我不是教你诈》刘墉著

"年轻人失败，常败在不知道及时表现自己，也常败在过度表现自己。"

这是一本通俗易懂、很有趣的书，对于刚入职场，或者准备步入职场的年轻人来说，很有实用性。这本书是针对社会现象所写，通过揭示世间百态，告诉你不吃亏的学问——我不是教你诈，是让你认清这个世界！

《人性的弱点》卡耐基著

这本书被很多人误解，被认为是成功学类的书籍，夸夸其谈。其实，认真读完你会发现，这本书的内容用它的英文书名来解释更为贴切：How to Win Friends & Influence People，即如何赢得友谊与影响他人。

它是社交技巧书籍的鼻祖，风靡全球，自出版以来全球销量已经达上亿册，先后被译成58种文字，影响了一代又一代的读者，常年保持在畅销书榜首。

这是一本实用的工具书，讲了许多与人相处的基本技巧，如如何让人喜欢你，如何赢得他人的赞同，如何更好地说服他人，如何让你的家庭关系更健康、幸福、快乐等。

这本书的最大作用，在于为你提供一个思维模板，是非常好的入门型社交书籍。

《影响力》罗伯特·西奥迪尼著

这本书从心理学角度出发，重点讲到三种影响人们日常行为的心理因素，分别是互惠原理、承诺一致原理和社会认同原理。

懂得这些原理的人，可以利用这些原理，让大家落入思维陷阱，顺从他们的想法，从而被影响、被利用；反之，你了解了这些原理，就不会轻易盲从，能够更加清醒理智地处理身边的沟通问题与人际关系。

《非暴力沟通》马歇尔·卢森堡著

这是一本近年来风靡全球的畅销书，讲的是如何与人有效且友善地沟通，包括如何表达自己的观点及倾听他人的观点。本书总结出观察、感受、需要、请求四个要素：我观察到＋我感觉＋是因为＋我请求＝非暴力沟通。

比如，这本书一开头就举了两个非常典型的例子，来说明如何用非暴力沟通的方式对话。看到孩子把玩具扔了一地，妈

第3章 你可以不世故,但是不能不懂人情世故

妈可以这样说:"你把玩具都扔在地上,我有点生气,因为妈妈喜欢整洁,你现在可以把玩具重新放进玩具柜吗?"

员工总是迟到,上司可以这样说:"这周你迟到了3次,我感到不解,因为我担心你生活中遇到了什么困难,可以和我解释一下吗?"

这种非暴力的沟通方式,会让人们不再条件反射式地反应,而是会先观察、感受之后,再有意识地使用恰当的语言表达自己,能够尊重与倾听他人,避免了情绪化。

《把自己当回事儿》杨天真著

我推荐《把自己当回事儿》这本书,是因为作者杨天真当时的年龄(35岁)和身份(知名媒体大咖、艺人经纪人),她所分享的内容更贴近当下人们的生活与工作环境。

杨天真把各种比较大的论点落实到了实际操作中,给出的都是很有启发性的沟通方式,她展示的内容也是关于人们日常工作中的人际关系处理方法。书中提及的案例是她的亲身经历,所以很容易把读者带入,产生共鸣。

看起来是一本薄薄的小册子,有心的读者可以越读越厚,非常具有实操价值。

人们的生活不是江湖,而江湖却是生活。生活、工作、爱情、婚姻演绎的皆为人情世故。

曹雪芹在《红楼梦》第五回里写了一副对联,"世事洞明皆学问,人情练达即文章"。曹公的这副对联可以说名满天下,说的就是人情世故。然而要做到世事洞明、人情练达,谈何容易?

懂世故,但不世故。这是个很高明的境界,也就是儒家常说的以出世的心态入世。懂不懂是个知识问题、能力问题;圆不圆滑是个态度问题。我们可以没有态度,但不能没有知识。

以上的分享就是希望你能找到自己的位置,既有入世的知识,又有出世的态度,从而活出最好的模样。

第 3 章　你可以不世故，但是不能不懂人情世故

有趣的人，看起来都很高级

我想做一个有意思的人，
即使以后老了，也是一个有意思的老人。

※

小荷失恋了。她相处了很久的高富帅男友，爱上了另一个女人，离开了她。

小荷伤心、悲痛、绝望、愤怒。她最为不解的是，勾走她男友的，不是一个比她年轻漂亮的妹子，而是一个大她好几岁的熟女姐姐，也就是人们眼中的"大龄剩女"。

"为什么会这样？"小荷实在想不通。

我从另一位与剩女姐姐比较相熟的朋友处，了解了一些故事背景。

"剩女"姐姐在一家国际非政府机构工作，经常跟随项目四

处出差旅行，因此是一位户外运动达人。

她爱好广泛，玩瑜伽、练柔道，是某网站登山组织的负责人，同时持有国际通用的潜水资格证。

小荷则和"剩女"姐姐的风格迥异。她是事业单位公务员，工作稳定、清闲、体面。温柔、贤惠、体贴是她身上最明显的标签。跟男友在一起时，小鸟依人是她最常见的状态。

她除了偶尔煮煮饭、追追剧，说不上有什么特别爱好。男友的喜好就是她的喜好。

她来自江南水乡，不习惯吃辣，但为了男友，她也时常出现在川湘菜馆里。去电影院看电影时，男友偏爱科幻大片，她虽然看得昏昏欲睡，但还是耐着性子陪他看完。

和男友相处后，小荷的生活越发简单，基本就剩下两件事——上班和陪男友，连和闺密的相聚都越来越少了。

几乎将全部生活重心放在男友身上的小荷，如今却惨遭抛弃，她实在是愤懑不平。

有朋友一直在关注小荷男友的朋友圈，对我说：他甩了小荷的确是不地道，但他现在过得更好，倒是千真万确。

小荷男友本身热爱户外活动，以前和小荷在一起时，弱不禁风的小荷是无法和他一起同行的。

现在，他和节奏合拍的新女友游山玩水，今天自驾川藏线，

第3章 你可以不世故,但是不能不懂人情世故

明天去云贵支教,两个月前还在为新项目忙得焦头烂额、叫苦不堪,两个月后两个人又一起去大堡礁潜水了。

他们现在的状态舒适自在,幸福藏也藏不住。

两个有意思的人在一起碰出了火花,这份快乐就成了双倍。

明朝著名文学家张岱曰:

"人无癖不可与交,以其无深情也;人无疵不可与交,以其无真气也。"

有"癖"、有"疵",翻译成今天的话就是有丰富趣味的爱好,有个性鲜明的性格。

自古人们就知道,要与有意思的人做朋友,与有趣的人打交道。

※

我就结识了几个有意思的人。仔细观察,是能在他们身上找到一些共同特征的。

第一,有意思的人都是热爱生活的人。

他们对身边的世界有无限好奇,对生活有无穷热爱,不断追求自我成长,因此不故步自封,喜欢尝试新事物,结交新朋友。

第二,对于身边的人和这个世界,有趣的人往往很包容。

他们相信人不会千篇一律,这个世界也应该有千变万化的姿态。

因此,无论周围的人发生任何事,好的坏的,他们都有接纳力,不轻易指责,不盲目批判。在尊重别人的同时,也有自己的意见。

第三,他们的学习和创新能力超强。

因为总是带着好奇的眼光探索这个世界,所以他们往往更喜欢学习,对新奇的玩意儿不仅不排斥,反而来者不拒,喜欢尝试和探究。

他们的人生从来不会停滞不前,无论何时何地都在不断地学习和更新自己。

和这样的人在一起,能够时时感受到惊喜。

朋友小N是两个孩子的妈妈,同时是大家公认的有意思的人。

小N是个运动健将,一切与水有关的活动她都喜欢,并且很擅长。比如,游泳、冲浪、皮划艇、赛艇等,她都略通一二,其中有一些还玩得很专业,时常参加各种比赛。

她开玩笑说:"我就是水的孩子。"

夏天一到,她便开始组织各类水上户外活动,她的热情活力会不由自主地点燃身边的人,很多朋友在她的带领下,纷纷

第3章 你可以不世故，但是不能不懂人情世故

开始行动起来，加入她的行列。

小 N 也是一个风趣幽默的人。聚会上，她总是谈笑风生，逗得人们哈哈大笑。有她在的地方绝不会冷场，总是笑声不断。

跟这样的人相处，轻松、愉快，意犹未尽中还能带给人们诸多启发，舒服自在。

※

在英语国家，如果一个人被朋友们评价为"fun"或"intresting"，那他一定会心花怒放。

因为，那真的是一个很高的评价。

还记得经典美剧《老友记》中，当 Rachel 发现自己其实已经爱上了学霸 Ross 时，她用了"fun"去形容 Ross。

她描述 Ross 的字眼是"有趣"，而不是其他词汇，诸如英俊帅气、善良体贴、有钱多金等。

因为，无论对男人，还是对女人，有意思都是一种难能可贵的品质。

所谓有意思的人，是指有着自己独立的想法、判断和激情的人，这些人不仅自己有趣，还会把新颖的观点、启发、灵感和趣味带给身边的人。

有趣，是一种思维方法、一种生活态度，是从内向外散发

出的独特气质。

有趣的人，往往有魅力。这就像玫瑰盛开，香气袭人。手持玫瑰，你的身上自然会染上香味。

※

梁启超先生曾经说，人生有四种趣味。

哪四种趣味？

劳作、学问、游戏、艺术。

这四种趣味是长久的乐趣，让你的人生不断收获、不断进步。

要拥有这些乐趣，就要做好修炼功夫的准备。

这套功夫想要真正习得，除了悟性，还得有长年累月的苦练。

整天刷手机、追剧，或者逛淘宝、晒照片，这样的生活当然轻松随意，却很难让你成为一个有意思的人。

有趣的人需要一个载体，做出有趣的事。

先找到自己感兴趣的事情，持续练习、刻意习得后，它就能成为你的趣味之一，最后变成你的品位，代表着你。

当你和有意思的人在一起的时候，一辈子都不会腻。

因为他在不断地给你带来新的收获和惊喜，而且他也在不

第 3 章　你可以不世故，但是不能不懂人情世故

断地变得强大。

你可能也会想，那我不如找一个有趣的人过一生吧！

能找到这样的伴侣，自然要恭喜你。但恕我直言，也不要忘记，自己也得是一个有趣的人，或者正在变得越来越有趣的路上。

不然早晚有一天，Ta 越来越强大，你越来越平庸，相形见绌的力量自然会把你们分开。

无论是一个人，还是两个人，经营好自己的生活，让自己发光发亮，别人才会想靠近你。

但愿你我都能做一个有意思的人，即使以后老了，也是一个有意思的老头儿或者老太太。

平行社交：真诚是最好的"套路"

真人秀节目《令人心动的offer》中，有一个环节是律所的实习生要准备一次商务谈判。王骁和刘昱成这一组，在带教律师的引导下开始讨论案情。中午吃饭的时候，三个人决定一起吃饭，让王骁点餐。

在点餐这个环节，王骁表现得很周到。由于他已提前在其他律师前辈那儿了解到各自的饮食喜好，点的菜大家都非常满意。饭桌上，王骁的表现欲十足，主动和带教律师找话题交谈，和上级管理者之间的互动效果也很好。稍微内敛的刘昱成明显被忽略了，也没怎么搭上话，只能闷头吃饭。这场午餐会成了王骁的独角戏。

后面还有其他一些情节，显示了王骁在处理办公室同级小伙伴之间关系上的不足。他是一种典型的职场新人：只关注向上社交，而忽视了平行社交的重要性。

第3章 你可以不世故，但是不能不懂人情世故

节目中的一位律师点评道：

"很多新入职场的小孩子，可能会觉得向上社交是有效的，而平行社交是无效的。"

其实，很多时候平行社交比向上社交更重要，因为他们才是与你一起工作的伙伴，能对你的工作给予实质性支撑。领导只是部署任务，而伙伴是一起完成任务的。

平行社交的目的，是让你和同伴建立信任和支持。因为你们是队友，职场上没有人可以真正独立完成工作而不需要队友。忽略平行社交，你会失去同伴的支持，你的工作也就完成不了。领导看重的不是你的独角戏，而是团队的协作配合能力。

所谓人脉的积累，往往来源于你结于微时的小伙伴。你永远不知道下一个机会是谁给你的。

我的先生老倪现在的工作，就是他以前一位同事推荐的。这位前同事曾经和老倪在同一个部门，两个人同级，做的工作也常有交叉。老倪做事认真，待人也很真诚，和这位同事共事的两年时间里，合作得很愉快。后来，这位同事跳槽去了新公司，发现那边还有一个非常好的岗位空缺，就直接推荐了我的先生。等于两个人都获得了升职加薪，又成功变成配合默契的同事。

回到前面《令人心动的 offer》的节目，倘若吃饭环节中，

王骁能在交流上带动一下同伴刘昱成，就可以很好地做到平行社交。这样既给了小伙伴融入话题的机会，也不会让别人觉得他过于炫耀自己，平行社交和向上社交就兼顾到了。

职场上需要平行社交，生活上更是如此。

除了工作上的同事，那些能够和你分享人生的，是你日常生活中一起同行的小伙伴。你们有更多的共同话题，一起吃饭聊天、一起吐槽抱怨，你委屈了、不开心了，他们能安慰你；你生活上有困难了，他们能够帮扶你。

人生路上充满偶然，你不知道在哪个路口谁会给你递过来一根橄榄枝。如果说社交有什么套路，就是不管对方身份如何、地位怎样，都要做到真诚待人、认真做事。这就是最简单可行的沟通艺术。

不吝啬对别人的赞美

赞美是拉近彼此距离的最有效方式。真诚的赞美会让对方有受到重视的感觉，同样地，你也会得到对方的欣赏和尊重。恰到好处的夸奖和赞美，能够消除隔阂和疏离，使双方交流的氛围更加融洽。

第 3 章 你可以不世故，但是不能不懂人情世故

不要企图改变别人

人和人的相处，最底线的原则就是不要企图改变任何人，这是你和身边人快乐的源泉。

不要以自己的道德标准要求他人，每个人的发展节奏不一样，成功方式不同，请尊重每一个人的选择。接纳别人的不足，理解别人的局限。

所以，一定要放弃改变别人的执念，任何形式的"我是为你好"，都应仔细咀嚼一下，出发点并不是为了他人，而是满足自己的期望和控制欲。

注意边界感，保持距离

很多人在人际关系中，常常不注意边界感。比如，对亲人过分"亲"，对生人过分"生"。和身边关系好的人，忘记保持适当的空间和礼貌，过于随意而不注意对方的感受，张口就来，甚至伤害到对方都不自知。

有一句俗语叫作"亲人三分客"，再亲密的关系也不可能真的做到"亲密无间"。夫妻之间都要有基本的距离，平行社交中

更要注意分寸感和边界，这样才能不给对方造成压力和困扰。

对刚认识的普通朋友，反而可以少些"生分"，适度"熟"一些。比如，对待自己的同事热情地打招呼，力所能及地帮个小忙，多夸夸对方，这些小举动能够拉近你和平行社交圈的关系，也是获得好人缘的小窍门。

不要过度期待别人的感同身受

我认识一位朋友，她在结识新朋友的时候，为了快速拉近和对方的距离，喜欢主动说一些自己的私事，甚至是隐私，来获得对方的认可。但是她很快就发现，这种方法的效果并不好，她越是表现得很"热络"，别人越是对她敬而远之，甚至觉得她靠不住。

其实她这样做违背了社交的一条基本原则，就是不要轻易和不太亲近的人诉说你的"好事"和"不幸"。因为除了你的家人和关系非常密切的好友，没有人真的在乎你的喜怒哀乐。不要过度期待别人的感同身受，否则你的秘密会成为别人的负担，换来的还可能要么是嫉妒，要么是幸灾乐祸。

心理学研究发现，真诚虽然是打开人际关系最有效的钥匙，

第 3 章 你可以不世故，但是不能不懂人情世故

但真诚不同于天真。真诚是需要智慧和理性加持的，越成熟的人越真诚，因为他能够清醒地判断安全的社交距离，知道怎样才能让对方感到舒服，同时自己也很自在。

现在的人一个比一个聪明，套路之上还有更深的套路，你是否以诚相待，对方看得明明白白。你想要别人怎么待你，就要先怎样对待别人。

一个受欢迎的人，一定是真诚的人。同频相吸，自己真诚才能吸引真诚的人。

虽然世界混浊，但真诚依然可期。

破圈成长：愿你脱胎换骨，活出超燃人生

社交断舍离：不动声色远离你，是我最后的体面

有限的时间，只做更重要的事情。无效社交越频繁，生活的满意度越低。虽然社交很重要，但是你没必要为了"人应该多交朋友"这样的社会压力，而强迫自己喜欢他人，努力不被讨厌。当你发觉人际关系已经让你喘不过气时，就好好地与"相处起来不舒服"的人断舍离吧。

这几年我最大的收获是在人际关系上做减法。"为你好的"亲戚，没有边界感的朋友，得寸进尺的同事，都慢慢淡出了我的生活。

第一种：三观不一致

所谓三观，是指世界观、人生观、价值观。我们或许没有

资格认为与自己理念不相符的人就是"三观不正",但和朋友相处总是要达到一定的契合程度,相处起来才不会觉得有负担。

多年以前,我主动远离的第一个朋友就是与我三观不合的人。比如,出游开车时,他总是不会礼让行人;外出吃饭时,他对服务员呼来喝去,还总想占别人的小便宜;看到路上有受伤的小猫,我们几个朋友想把它带回家抚养,他却嗤之以鼻,说我们在浪费时间,把时间心力花费在不值得的事情上。前前后后诸如此类很多事,或许有些可以继续磨合,但有些终究是三观的问题,关乎品行,勉强不来。

第二种:总想着利用你、目的性太强的朋友

这种人的功利心非常强,眼睛只盯着比他强、比他优秀的人。人有慕强心理很正常,人们都希望能和比自己厉害的人交往,因为能学到很多东西,提高自己。但有的人往往不是以真诚为出发点,而是总想着利用别人。他会刻意接近你并赢取你的信任,也会特意花时间和精力在你身上,但当他利用完你之后,就会把你抛弃掉,再去找下一个对自己有利的人。

而你作为一个被利用的人,付出了真心、投入了时间,却

被人欺骗了感情，你可能久久不能释怀，未来你也会对接近你的新朋友、有善意的朋友产生戒心。于你而言，这就是毒友谊，不仅被榨干了价值，还落得一身伤。

第三种：满身负能量的朋友

我的妈妈有段时间在小区门口跳广场舞，交到了一个新朋友，是一位和她年纪相仿的阿姨。两个人经常结伴跳舞，慢慢地开始无话不谈，互相串门，变成关系比较好的闺密。

有一次，这位阿姨来我家玩的时候，我注意到她的一个特点。她是一个怨气非常重的人，聊天的绝大部分内容是抱怨。她抱怨身边的一切，她的老伴儿、她的儿子媳妇，甚至她五六岁的孙子在她的眼里都一无是处。更夸张的是，她借用我家的厕所，出来后直接对我家浴室的地砖颜色、花洒大小"点评"一番……总之，她整个人散发着负能量，让周围的气场变得相当压抑。

那段时间，我发现我妈在她的影响下，也有些性情上的变化，身上带着负能量的情绪，莫名烦躁，对家人变得挑剔。

这也是一种毒友谊。与负能量的人长期交往，他的低气压会影响你，慢慢地你会觉得谁都不好，看问题也不再客观，只关注不好的方面。而且，你还会否定自己、否定周围的人，整个人变得很消极。

每个人身上都散发着不同的气场，人们要注意保护自己身上的能量，远离负能量的人。把时间用来精进自己，而不是评价别人，更不要把自己的能量消耗在抱怨和愤世嫉俗上，一定要远离内耗。

第四种：丝毫没有边界感，不会保持距离的朋友

那些不在乎你的感受，乱开你的玩笑，甚至经常对你人身攻击的朋友，一定要远离。

比如，有一些人非常自我，他觉得什么都不用掖着、藏着，都可以公开说。他拿你的缺点开玩笑、调侃你。你提醒他注意，他也不以为意，认为你们关系好，不应该在乎这些小事。

真正的朋友应该尊重你，关注你的内心需求，让你有安全感。

还有一种朋友，你把秘密跟他讲了，他转头就告诉别人，丝毫不顾及你的感受，甚至随意把你的隐私"贩卖"给他更想

结交的人,以达到信息资源置换的目的。

相互信任是朋友之间相处的基石,如果连这点都做不到的话,那么这个人的人品是有问题的。

成年人社交的真相大概是,我不尝试改变你,但是也不会毫无原则地迁就你。你如果越界了,那么不动声色地远离你,就是我给你最后的体面。

莫言说:"不喜欢你的人,就像一阵风刮过,你只需要拍一拍身上的土,把他们忘掉就够了。"

成熟的你,要做的是不亏待每一份真心,也无须迎合每一份冷漠。一句话,让你舒服自在的关系,才是好的关系。

第3章　你可以不世故，但是不能不懂人情世故

向上社交：让贵人愿意帮你

仔细观察一下，你身边最厉害的那群人，一定是擅长向上社交的。所谓向上社交，就是和比你厉害的人交朋友，结识到人生中的贵人。

我人生中的一位贵人，是我在大学实习时遇到的一位导师。她在工作中帮助我很多，有时候也喜欢和我分享一些人生经验。她跟我说过这样一句话：低层次的人互踩上爬，而高层次的人合作共赢。记得向上看，路才能越走越宽。

具体应该怎么向上社交，对当时初入社会的我来说，还是一头雾水。实习时间短暂，我没来得及跟导师学习更多，就离开了那家工作单位。但经过多年的实践和摸索，我也的确总结出了一套方法论，确实印证了导师的话：有效的向上社交，是实现阶层跨越的最佳通道。

普通人的一生中，如果能够遇到一两个贵人愿意帮助你，

那么你的人生轨迹就会发生质的改变。

第一步：心理上的建设——我和他一样好

很多人，尤其是初入职场的年轻人，在做向上社交时，面临的第一个问题就是不自信，甚至自卑。觉得自己不如人家，如果自己刻意和他交往，不是很卑微吗？受困于此，便不敢迈出社交的步伐，故步自封，走不出自己的社交舒适圈。

当你想要交朋友的人条件比你好时，内心要有一个观念，叫作我和他一样好。

我们所说的"条件"其实是很世俗的标准，但每个人都是立体的、多面的，即使经济条件好的人，或者社会地位比你高的人，能和你相遇并且产生交集，就说明你们一定有相似的地方。

无论他是谁，地位多么高，也总有自己的弱点，而你自然有你的强项。心理上强大了，才能坦然面对所有社交场合，不怯场。

当一个人愿意与你合作，甚至愿意帮助你时，必定是你身上的某个点触动了他，而这个点就是你的闪光点。

比如，对方是位年长的大领导，他比你有资历、比你更懂人情世故，但你更有活力，思维活跃，看待问题的角度新颖有创意，那么你和他相处时就是各取所需，你跟他学到了东西，他跟你也获得了启发。

在所有的人际关系中，要记住这样一个屡试不爽的小技巧：无论对方是谁，先把对方看得和你一样好，不要带着自卑和胆怯相处，这样双方都不会累。

除此之外，你还要培养自己的钝感力，不要那么敏感。比如，在德高望重的人面前，说错了一句话，办错了一件事，对方注意到了，甚至批评了你，你要做的是改正，而不是就此踟蹰不前，觉得天塌下来了："完了，我以后肯定没有机会了。"先放弃了自己，从而失去了继续交流的机会。

培养钝感力就是克服自卑和怯懦，坦然面对眼前的人和事，哪怕是面对大人物，也不能胆怯。

第二步：搭好自己的基建

向上社交的第一步是心理建设，心理上要强大自信。第二步就是把自己的底盘扎稳，提升自我价值。

破圈成长：愿你脱胎换骨，活出超燃人生

我和大学同学 M，毕业后都进入一家媒体工作。初入职场的我们，满眼都是新鲜感和求知欲，充满了跃跃欲试的干劲和冲劲。为了拓展人脉，我们非常积极地活跃于各种饭局和社交场合，希望能够结识一些行业内的资深人士，扩大自己的社交圈。

但是，几次这样的社交场合下来，我就清醒了，作为职场新人，要谈资没谈资、要地位没地位、要资源没资源，在各种大佬面前，只能沦为背景板。

而为了这些场合，我们还得在着装打扮上花费不菲。一身正式场合的昂贵行头，常常要花费我们大半个月的工资。物质上的投资先不说，即使靠硬撑拿到了入场券，但真正和大佬攀谈起来，几句话就把我们打回原形，有些连话题都聊不下去，更别说接近核心资源的机会了。

向上社交是很现实的。年轻、野心或美貌，或者兼而有之，某些工作可能会比普通人顺利些，但是只有这几样是完全不够的。如果没有背景、资源，或者说得直白些，没有一个为官的、经商的家庭背景，没有能够说得上话的亲属，你在他们的圈子里是拿不到入场券的，因为你没有核心价值可以置换。

即使暂时得到了一些资源、利益，充其量也只是花瓶和摆设的角色，很容易被取代，而没有长久的价值。

第3章 你可以不世故，但是不能不懂人情世故

大佬能够有今天的成就，往往比你更理性，你如果有实力，他自然会拉拢你进入他的阵营；你如果没有实力，再怎么踮起脚尖，也只能够到对方的鞋底。

先充实好自己，当机遇到来时，才有实力迎接。

后来，我果断地不再涉足这种所谓高级社交场合，而是静下心来提升自我，下班后除了必需的工作应酬或者三五好友的私下聚会，我把时间都花在了提升专业技能，以及学英语上。两年后，我因为中英双语的优势申请到了出国工作的机会，而M依然积极活跃于各种高级的社交场合，寻求着可能的关注。她除了越来越疲惫麻木的状态，以及对自己专业的疏忽以外，一无所获。

打铁还需自身硬。当你没有背景可以利用时，就静下心来打造自己的核心竞争力。如果你喜欢写作，就锻炼你的书写能力，把热爱变成擅长；如果你喜欢编程，就好好写代码，把自己打造成不可取代的高级码农；如果你对游戏感兴趣，就往游戏设计方面发展，研究甚至开发出属于自己版权的游戏。

你认识多少人不重要，重要的是能让别人认识到你的价值是不可取代的。真正的人脉不是你求来的，是你吸引来的。

第三步：提供价值

任何时代、任何时候，人与人之间的关系都有一个价值基础，要么是情感价值，要么是利益价值。夫妻、朋友、亲人，属于情感价值；老板、同事，属于利益价值。

而这些利益价值，可以是资源置换，也可以是情绪价值。

我认识一位设计公司的老板V，她是小镇姑娘，父母都是普通人，没有钱也没有背景。但是如今她很成功，事业有成，家庭美满幸福。她的经历是一步步向上社交、开拓圈子的典型例子。

V大学毕业以后，实现的第一个向上社交的成功事例，是为一位有钱的姐姐提供情绪价值。

如何提供情绪价值呢？就是陪着这位当时年近四十岁的离异姐姐逛街、吃饭、聊天。

当时，这位事业有成的离异姐姐正在和一位大学毕业不久的年轻小伙子约会，但她担心两个人年龄上有代沟，不了解年轻男朋友的所思所想，就想通过接触V去了解这个年龄段的人的生活方式。而且，离异姐姐的这个男朋友正是毕业于V所在的大学，比V早一年毕业，是V的学长。有钱但情感不顺的离异姐姐，通过V从侧面打听到了这位年轻恋人的口碑和人品。

第 3 章　你可以不世故，但是不能不懂人情世故

V 了解到离异姐姐的需求后，很认真地帮她分析情感，排解情绪，介绍她看年轻人喜欢看的剧，听年轻人喜欢听的音乐，让离异姐姐紧跟潮流，从而谈起恋爱来得心应手。但是 V 也很识趣，只默默地在背后出谋划策，绝不会抢风头，避免出现在他们两个人谈恋爱的场合里，不会让离异姐姐感觉到任何威胁。

最后，这对相差十几岁的恋人终成眷属，恋情开花结果。V 提供的情绪价值也算功不可没。而正因为这段特别的友谊，V 收获了离异姐姐的信任和第一笔天使投资，开了自己的工作室。现在 V 的公司越做越大，设计的品牌小有名气，离异姐姐目前还是 V 公司的原始股东。两人的合作关系一直持续到现在。

成人世界的友谊，说到底都是交换关系。当你拥有的资源和能力有限时，比你高阶的人就会把你看作索取方。如果你不能提供基本的价值，就不是社交，而叫攀附。

价值不一定是你要多有钱，你的背景要多厉害，也可以是你身上值得别人和你结交的闪光点。

你自己的价值越大，就越能把各位高人聚集在一起，你的利用价值就会越高，这是一个向上社交的良性循环。

说到底，被利用不可怕，没有利用价值才是最可怕的。

第4章

爱情最好的模样,是相互滋养

破圈成长：愿你脱胎换骨，活出超燃人生

"寄居蟹人格"有多可怕？如何远离情感中的PUA

第一次听说"寄居蟹人格"这个概念，是在罪案博主"没药花园"关于北大女孩包丽自杀事件的罪案分析里。这个案子说的是一位北大法学院的大三女生，在被自己男友进行长达一年的"精神洗脑＋情感虐待＋行为控制"（PUA）后，自杀身亡。

"没药花园"把案例中的男主总结为"寄居蟹人格"。寄居蟹没有自己固定的住所，就向海螺、贝壳等发起进攻，把原宿主弄死、撕碎，然后将它们的壳据为己有，变成自己的家。生活中，有些人也如同寄居蟹，非常善于操控别人的心理、情绪，一步步摧毁对方的自信和自尊，如同吃掉贝壳动物一般，"吃掉"受害人的灵魂，最终占据他们的外壳（生命）。

"寄居蟹人格"是指加害人的一种人格，而非受害者。这种人格有以下两个特点。

一是外形上：对外示人的一面强硬、霸道、武断，隐藏起来的本质又很孱弱。他本质上是自卑的，骨子里格外缺乏安全感。

二是求生特点：就是这个矛盾的身体，让他忍不住想要控制自己生活中的人，特别是自己需要的、对自己有利的人，以此作为自己的盔甲。

仔细对照一下，我们身边其实有很多具有"寄居蟹人格"的人，大部分的表现也许没有那么极端，但是PUA别人是他们共同的特点。

而且，具有"寄居蟹人格"的有男性也有女性，他们寄居的角色不一定是恋人，也可能是身边任何一个具有亲近关系的人。他们也许是为你"操碎心"的长辈，也许是所谓对你"恨铁不成钢"的上司，也许是一直"为你好"的朋友……

亲密关系健康度自测表

"寄居蟹人"控制人心的技术非常厉害：进行人格污化、贬低，对被操控者进行精神上的占领、肉体上的征服、经济上的掌权、思想上的洗脑。

很多受害者把"寄居蟹人"的特点总结如下：

1. 嘴上的道德感极强，爱标榜自己多么善良，经常从道德上抨击他人。

2. 强调自己的付出，要求别人感恩。

3. 习惯自抬身价，甚至不惜说谎。

4. 打压受害者，从根本上否定对方，摧毁对方的自信和自尊。

5. 极度自恋，从来不认为自己错了，从不反省内疚。如果有人指出他们的缺点，他们就会暴怒。

6. 有表演天赋，变脸很快。

控制人心的技术适用的对象通常是家境好，成长过程很顺利，从小一直被保护得很好的孩子，这些孩子同情心强，善良但又意志不坚定。

本来人总有弱点，我们不可能总是做到意志坚定，这也不是什么大问题。但是，一旦遇到"寄居蟹人"，就会被他们利用，就是遇到了生命中的"劫"。所以，这里一定要告诫我亲爱的读者们，当你在一段亲密关系中感受到了如下情绪，不要怀疑自己，赶紧跑！你没有错，错的是你身边那个人。

1. 时常感觉焦虑，害怕犯错，惹对方不高兴。

2. 无法轻松与对方分享自己的感受，时常担心自己是不是过于敏感了。

3. 时常自责，觉得自己做得不够好。

4. 时常向对方道歉。

5. 主动为对方的不良行为找理由，并强迫自己原谅他。

6. 与朋友家人逐渐疏远，无法进行正常社交。

7. 对自己的决定没有自信、没有主见，很依赖对方。

8. 时常怀疑自己。

9. 认为自己还可以付出更多。

10. 对双方的未来没有任何期待和兴奋的感觉，但又感觉离不开对方。

简单来说，只要和"寄居蟹人"在一起，你就会不自觉地感到巨大的压力、压抑、烦躁、矛盾、自责……你变得不开心了，甚至开始怀疑自己了，那么你就要好好审视自己的这段关系了。如果此时你还不离开，可能就永远逃不出来了。

"寄居蟹人格"是一种极端的控制型人格，"寄居蟹人"要实现的目标不仅是控制，还有毁灭。如果一个人是典型的"寄居蟹人格"，那么和他亲近的人（海螺）都会有一个趋势：生"病"。

你会逐渐失去自信、自我意志，变得自我怀疑、否定、消沉。长期相处后，你会颓废、一事无成、酗酒、沉迷游戏，产生抑郁等心理疾病，严重的还会自残、自杀。

你自我挣扎着,可能去看心理医生,但怎么都看不好。你会觉得自己太失败,更觉得亏欠"寄居蟹人",陷入了一种死循环。

但你没意识到的是,生病的根源正是你身边的那个人——那个标榜自己"付出很多""善良",只有自己能够"接纳""容忍"你的"寄居蟹人"。

"寄居蟹人"最常用的操控手段

第一,打压和踩踏。他们最重要的手段是打压和踩踏受害人的自信和自尊,让受害人自卑、畏缩。

第二,煤气灯效应。"寄居蟹人"不但理直气壮地不认错,还会通过情绪操控让受害人不断反省。这种精神控制手段也被称为"Gaslighting",让受害人怀疑自己是不是记错了,是不是出现幻觉,是不是神志不清……直到某一天,受害人放弃了自己的感知,从精神上"死了"。

第三,吝啬/自我中心。自己很自私,需要别人以他为中心,为他倾其所有地付出一切。

第四,孤立受害者。和寄居蟹相处的海螺会有什么感受呢?慢慢地海螺会陷入自我怀疑中,为什么自己总不能让寄居蟹满意？自己到底哪儿做得不好？……但它无法怀疑寄居蟹的动机，因为寄居蟹总是理直气壮，宣称一切都是为了爱，自己付出最多。

而海螺在经历长期被贬低和打压后，它们无法认可自己，无法从内心找到支撑，于是为了不坍塌只能去外部找，而这时寄居蟹会假扮这种心理支撑。相比身体暴力，更可怕的是，寄居蟹长期不断地孤立、羞辱、控制海螺，粉碎它们的自我，剥夺它们的人生。

我在书中多次提到了"高自尊"这个概念。一个自尊程度高、有安全感的人，是不会过度担心自己的需求不被满足的，也不会轻易把别人对待自己的方式跟自我价值感、自尊联结在一起。

他们能区分"你做得不够好"和"你不爱我"。他们也清楚在任何关系里，都不会有人能绝对满足自己的需求，人的终极满足应该来源于自己。

"寄居蟹人"却相反。他们内里的虚弱、敏感，会让他们把任何风吹草动都当成对方要背叛、否定自己的信号，所以动不动就会用威胁、反复"拉黑"、打压对方等方式显示自己的地位和权威，这能让他们感受到更高的"自尊感"，把错误都推给别人，便不必自省。

还有一个重要指标，那就是不要谈一场没有朋友的恋爱

谈恋爱的时候，一定要多带另一半出去和你身边的人见面。多参考身边好友和家人的意见。坚持自己的原则，相信自己的直觉，不要无原则地妥协。

被你的朋友闺密吐槽的男人，被你的父母反对的女人，你再爱都要分手。

人都需要情感安慰，就像人口渴需要喝水，但是你喝下的是水还是毒药，一定要分清楚。哪怕再渴，一旦发现喝错了，也要及时停下，要不然下场只有死路一条。

有些人走进你的生活不是来爱你的，而是来利用你的。有些人爱你不是源于情感，而是想从你身上榨取价值。他们不会忠于你，只是忠于在你身上得到的好处。所以，他们从不付出，即使你掏心掏肺，甚至奉献出自己的生命。

在两性关系中，人们要记住"下一个更好"定律。如果在一段感情里，你一直觉得自卑，觉得自己配不上他，而他一直在践踏你的自尊，那么一定要马上离开，因为下一个更好！

而且你会发现，你在那个更好的人眼里，是会发光的。

第4章　爱情最好的模样，是相互滋养

爱情最好的模样，是相互滋养

三年多的时间里，四月和男友分分合合了多少次，她已经记不清了。男友工作压力大，下了班就不愿再出门，喜欢窝在家里玩游戏来打发时间。四月的朋友大多喜欢热闹，经常聚会，周末也喜欢和三五好友去户外运动。

两个人刚开始交往的时候，男友为了讨她开心，常常陪她一起出去玩，后来男友开始抱怨人多太吵，不再陪四月出门，宁愿自己一个人宅着。

四月渐渐习惯了两个人不是很合拍的状态。只是他们其他方面的分歧和争吵也越来越多，男友嫌弃她现在的工资少没前途，抱怨她花钱大手大脚，总是唠叨她早点换个工作。四月则觉得男友心里没有她，除了工作就是游戏，压根不关心她过得怎么样。

虽然两个人在一起生活，但同居越久四月越意识到，他们两个缺少沟通交流，不像情侣，更像是室友关系。

两个人无论因为什么吵架，男友都说是四月在作。男友喜欢冷战，吵完了自己一头扎到游戏里，对四月不理不睬，直到四月实在受不了这种折磨，主动求和，两个人才能安静几天。

有一次，四月参加公司的聚餐，结束的时候已经很晚了，外面下着大雨，她打不到回去的车，打电话让男友过来接她，对方正忙着玩游戏，根本没听到她的求助。在这个风雨交加的夜晚，四月一个人等了一个小时的车，才回到家。

回去的路上，四月开始反省这段感情："我和他哪里出了问题？为什么我越来越不快乐了？"

作家张嘉佳说："两个人之间，合适的就是在互相修缮对方的人生；不合适的，就是互相在打劫对方的人生。"

一段好的感情不是以爱的名义相互消耗，而是彼此成就、相互滋养。

※

考量一段感情是不是合适的最好方式，是你们两个人在一起后，有没有变得更好。

当小北结束了长达一年多的异地恋后，感觉自己重新活了过来。这一年来，他过得非常压抑、痛苦，以前开朗阳光的他，

第 4 章　爱情最好的模样，是相互滋养

在与前女友岚的这段相互内耗的关系中变得患得患失。他一度觉得自己患上了抑郁症，怎么都开心不起来。

小北和岚是大学同学，两个人都是省城本地人。毕业后，小北留在本地工作，而岚则考研成功去了另一个城市继续读书，两个人开始了异地恋。小北一直很欣赏岚，她从小就是学霸，是很多人眼中"别人家的孩子"，在小北的眼里曾经是闪闪发光的。

岚对自己的要求很高，对小北更是如此。她的优越感很强，觉得小北不考研直接工作是不求上进，总是以"为你好"的名义逼迫小北做很多他不喜欢的事情。

比如，小北每天要 5 点钟起床，陪岚一起晨读，两个人开着视频，一起读书。小北的早晨都是在半梦半醒、浑浑噩噩中度过的。然后，两个人还要一起"云跑步"。

岚嫌弃小北太胖，一日三餐吃的食物都要由她说了算，甚至会在午餐吃饭的时候给小北打视频电话，突击检查小北的饭盒，弄得小北在同事面前很尴尬。

一方面，她对小北送的礼物经常不满意，抱怨价格太低，她觉得小北已经工作了，应该给自己买大牌子的礼物。另一方面，她又总说小北的工作没前途，小北只是本科毕业，起点低不会有什么出息。

总之，小北越来越发现，自己做什么仿佛都是错的，在岚的眼里他好像一无是处，而她的要求越来越高，对他的指责和挑剔越来越多，为此小北感到精疲力竭。

本来做好准备等岚毕业了就结婚的小北，没有勇气继续等她了，他提出了分手。

爱一个人，总是要花费心思去经营，要毫无保留去奔赴，感情才能逐渐升温，越来越稳固。如果只是单方面地付出，而另一个人却无动于衷，甚至挑三拣四，两个人就只能渐行渐远。

真正好的爱情不是相互消耗的，而是相互滋养、相互成全，让彼此成为更好的人。

人的身心是一个完整的能量系统，能让你身心平静的人最滋养你。负能量的人就像个"黑洞"，源源不断地消耗你。而滋养型的人就像太阳，能够细水长流地温暖你。

不尊重、三观不合、冷战、语言甚至身体上的暴力都是对亲密关系的损耗。要学会终止这样损耗亲密关系的行为，远离不断消耗你的人。

※

最好的爱情是什么样子呢？

如果你和他在一起时，总觉得未来可期、生活美好，人间

第 4 章 爱情最好的模样，是相互滋养

值得，做每一件事都充满了活力，那么恭喜你，你爱对了人，同时你也被他深深地爱着。

我很欣赏的一位香港作家马家辉，谈过他和他太太的关系，让人印象很深刻。

马家辉的太太在有了孩子后便做了全职主妇，一开始马家辉是有些犹豫的，他担心太太脱离职场以后，和自己产生现实差距，两个人没有共同话题了，会渐行渐远。但是，他太太并没有做一个整天围着灶台和丈夫孩子转而失去自我的女人。他太太叫张家瑜，现在与马家辉同为香港著名作家。

也就是说，虽然张家瑜没出去上班，但她并没有将全部重心都放在家庭琐事上，她一直在读书写作，并且经常跟下班回家的马家辉谈论她所读的书、所看的电影，他们一起讨论文学，谈论两个人都感兴趣的话题，让马家辉在工作之余还能得到很多启发。

如今马家辉非常赞赏自己太太当年的选择，由衷地说："我在物质层面上滋养着这个家，而我的太太在精神层面上滋养了我。"

一段好的感情一定是平等的关系，相互扶持、相互依赖，能够滋养彼此的灵魂。

这种滋养不是单方面的，是我给予你力量，你也给了我动力。你付出了，我有回应。我理解你的辛苦，你也能看到我的不易。

※

成熟健康的爱情，是两个不完美的人一起努力的结果。不是你的，也不是我的，而是我们共同的，我们相互扶持、相互成就，一路走下去，成就更好的两个人。

真正爱你的人，会让你成为更好的自己。

如果你发现自己陷入爱情后，负面情绪多于正面情绪，越来越不快乐，越来越没有动力和活力，那么这段爱情就是消耗式关系，并不适合你。

真正爱你的人，会完完整整地接受你是谁，尊重你的兴趣爱好，包容你的性格，不会用所谓的理想标准来期望甚至"调教"你。

滋养型的爱人会给你成长空间，允许你去试错。当你做错后，他也不会指责你，反而会做你坚定的后盾，为你兜底。

爱一个闪闪发光的人固然很好，但那个能让你闪闪发光的人，更值得去爱。

好的爱情，是相互治愈的。

第4章 爱情最好的模样,是相互滋养

错的人在消耗你,而对的人在治愈你。

如果你需要不停地自我和解、不停地劝自己、不停地为对方找理由,才能说服自己继续和他恋爱,那么你该彻底停下来了,好的爱情不用那么费力。

两个人相遇之前,彼此并不完美,内心都有需要疗愈的角落;但是相遇之后,彼此都在变好,日子也在朝着期待的方向发展,这才是对的关系。

好的爱情,是和你的人生节奏匹配的。

每个人最想要的都不一样,排在第一位的也不一样。比如,你们双方都想拼事业,那么就要相互鼓励、相互支持,不会因为什么时候生孩子而意见不一致。比如,你们都想要家庭,这时候两个人谈婚论嫁就水到渠成。

但是,如果一个人想要早点结婚生孩子,另一个人却只想专心搞事业,甚至打算以后丁克到老,那么就容易因为节奏不一致产生矛盾和冲突,一方觉得对方不在乎自己,另一方觉得对方不理解自己。

能和你白头到老的人,你们的人生节奏是基本一致的。即使有点差距,他也愿意为你调整。

你走得慢了,他拉你一把;你走得快了,他提醒你别着急,慢慢来。

好的爱人不一定支持你做的每一个决定，但是他会永远支持你这个人。

如遇贵人，可先立业；如遇良人，可先成家。当你遇到那个对的人时，不要犹豫了，好好爱他吧。

好的伴侣相互治愈，好的关系相互滋养，好的爱情可抵岁月漫长。

第4章　爱情最好的模样，是相互滋养

为什么我要劝你做一个"利己主义者"？

一次在朋友家的聚会上，我遇到了一位叫晓雯的女子。她的故事非常耐人寻味，值得记录下来。

晓雯是和她的丈夫一起来的，这个男人据说四十多岁，但体态臃肿、不修边幅，看起来显老不止十岁。晓雯三十来岁，衣着得体、妆容精致，优雅又高级。这对风格迥异的老少配夫妻，站在一起会让人忍不住多看几眼。

晓雯的丈夫十几岁就随父母从国内移民到澳大利亚了。这个男人平时不上班，据说是因为身体不太好，一直靠领福利生活。他刚开始还算正常，但是几杯酒下肚就原形毕露了，话非常多，乱开别人的玩笑，甚至口无遮拦，丝毫不顾及周围人的感受。场面有些失控，晓雯觉得尴尬，就拉上不知道是真醉了还是借酒装疯的男人提前离开了。

晓雯走了以后，现场有人八卦，开始说起她的故事。

晓雯的这段婚姻其实是商婚。她为了出国移民，找了现在这个男人结婚换身份。我作为旁观者，看得出晓雯的言谈举止很是大方得体，甚至不失几分优雅，一看就是家世不差，受过高等教育的女孩子，想不明白她为什么要走到商婚这一步。

有一位朋友好像了解她的一些过去，说道："她是在国内受了情伤才远走他乡的。"另一位显然知道得更多："她国内那个前夫，不是一般的糟糕，简直烂到家了。"

原来，晓雯在国内读大学的时候谈了一个男朋友，大学毕业后两个人继续交往，已经到了谈婚论嫁的阶段，此时的晓雯也顺利进入了一家美企工作。

晓雯大学修的是英语和贸易双学位，在这家美企踏实能干的她加上语言优势，很快就混得风生水起。两年后，从亚太总部过来的一位高管非常欣赏晓雯，邀请晓雯去新加坡的亚太总部进修发展。他们公司正在扩展中，亚太总部面对欣欣向荣的新兴市场，很需要晓雯这样的双语人才，还为她量身设置了一个新职位。

晓雯对于这个机会自然是满心欢喜、期待万分的，她准备接受这个 offer。但晓雯是乖乖女，在家里就很听话，谈了恋爱后又是典型的恋爱脑，一向对男朋友的话言听计从。这还是晓雯的初恋，她对这个男人情真意切，希望自己的决定能够得到

第4章 爱情最好的模样，是相互滋养

男友的支持，甚至都有了一个美好的计划：她自己先出国工作打头阵，等立足后男友也紧随她的脚步出国工作，两个人一起移民定居，到更大的世界闯荡一番。

谁知，晓雯的男友听到这个消息后，立刻否定了她的想法。"你的高管一定是对你别有所图！"男友认为没有天上掉馅饼的好事。晓雯哭笑不得，告诉男友，这位高管是一位已婚女性，已经在公司服务很多年，在公司上下都拥有非常好的口碑。晓雯被赏识是因为她能力出众，不是因为潜规则。

男友不同意晓雯出国工作，他骨子里认定晓雯没有那么优秀，不可能轻易得到这样一个好机会，他对自己能够出国找到工作更是没有任何信心。他坚称晓雯出国就是为了抛弃他。

"你出国的话，就是放弃了我们两个的未来。"男友最后以分手为要挟坚决不支持晓雯接受这个工作机会。

虽然晓雯的父母是支持她出国寻求发展的，但重感情的晓雯放不下这段恋情，她犹豫再三决定放弃这个机会，留在了国内。最后，这个去亚太总部的机会就被另一个和她差不多时间入职的同事获得了。如今，这位同事已经是这家美企在亚太区的高管，先在新加坡工作了两年，后来被委派到了香港，职位和收入早已经今非昔比。

说回到晓雯，她不仅放弃了这个改变人生轨迹的机会，还

在男友的要求下辞了职,又考了事业编,进入一个收入低、安稳闲适的事业单位。按照男友的话说,体制内工作强度小,虽然收入不高,但方便晓雯生孩子后能够一边工作一边兼顾家庭。很快,两个人就结婚了。

晓雯有时候还是觉得遗憾,但想到自己和新婚丈夫正在朝安稳的小日子迈进,便觉得自己的牺牲是值得的。

变故发生在晓雯怀孕几个月的时候。她发现丈夫出轨了,是和他办公室的一位女性领导。

晓雯还没从震惊中回过神来,她的丈夫已经为自己出轨的事找好了借口。这个男人不仅不觉得自己出轨有什么过错,反过来指责晓雯失去了魅力,称他也是为了工作机会,才不得已寻求刺激。

"你不就喜欢牺牲自己吗?当初你为了我不出国,现在为了我和咱们这个家,你再牺牲一次又怎么了!"这个男人毫不知耻地逼迫晓雯再次无底线让步。

当晓雯表示要离婚时,恼羞成怒的他甚至对怀胎三个月的晓雯大打出手,晓雯直接被打进了急诊室,孩子也没有保住。

直到这个时候,单纯善良的晓雯才彻底认清这个男人的真面目,她全心全意付出心血和前途的男人原来自私冷漠至此,她的真心终究是托付错了人。

第4章 爱情最好的模样，是相互滋养

晓雯下定决心离了婚。为了摆脱前夫的骚扰，也是内心自我意识的觉醒，离婚后的晓雯决定远走他乡，开启新生活。

她再次想到了出国，此时她才深知自己因为前夫的阻拦，已经错过了人生中一次最重要的发展机会。但是，这时候的她，已经不再是意气风发的年轻精英。她在事业单位浑浑噩噩的几年，无论是业务能力还是语言能力都没有精进，最重要的是，因为这几年的断层，再加上年龄渐长，别说出国了，就是再找到类似的工作机会，都已经变得异常困难。

她不得不求助移民中介，想要靠花钱办理出国。移民中介告诉她，投资移民要有少则几百万元，多则上千万元资产和生意保障才能实现，这个目标距离她这样的普通女孩太遥远。技术移民也走不通，她的资质和能力达不到。

最后，商婚成了她不得已的选择，也就出现了聚会上的一幕，她只能在中介的安排下，随便找了一个男人将就，通过结婚获得身份庇佑。

但是谁都明白，这样的婚姻关系只有利益而没有感情，风险太大，只不过是不得已而为之的下下策罢了。

讲完晓雯的故事，女孩们，我希望下面这句话能够刻进你的 DNA 里：任何阻挡你变好的人，都要远离。

※

你以为的牺牲和成全,在普信男看来,是因为他有魅力。你为他牺牲是因为他值得你为他付出一切,而他心安理得享受就行了。最危险的是,这只是PUA的第一步,以后他会要求你为他牺牲更多,直到你完全失去自我。

这样的傻女孩,只有被别人欺负的命。

这里的别人,有可能是你的男朋友、配偶,甚至你的父母和家人。他们都可能成为你提升自己道路上的"绊脚石"。

我想起以前在北京工作时遇到的一个姑娘英子。她的故事很励志,是一位典型的摆脱了家庭拖累、自己闯荡出一片天的代表。

英子出身农村,上面有一个年长她几岁的哥哥。英子的哥哥从小就备受父母宠溺,不爱学习,高中毕业后待在家里,家人开始给他张罗结婚生子。英子不一样,她爱读书成绩也好,但是她上到高二的时候,父母要求她辍学出门打工,给准备结婚的哥哥挣一份彩礼钱。英子坚决不同意,她是个有抱负的姑娘,知道外面的世界很大很精彩,她想去看看。她深知做个农民工肯定不是自己想要的出路,只有读书上大学,才是实现抱负与理想的最好途径。

她和父母谈判,要求自己继续上学,考上大学后自己用助

第4章 爱情最好的模样，是相互滋养

学贷款勤工俭学，绝对不会拖累家里。为了解决哥哥的彩礼钱，英子还去亲戚家借钱，并向那些亲戚承诺等她考上大学后一定会支付高额利息。

钱哪有那么容易借到，父母还是坚持让英子辍学。"读书读书，你知道上大学得花多少钱吗？这笔账不划算。再说女孩子读书有什么用，以后早晚还是得嫁人，挣一份嫁妆就够了。"这是英子母亲的原话。

但是英子没有放弃，她又去做哥哥的工作，保证自己大学毕业工作以后一定会支持他，帮他一起过好日子。

英子的哥哥到底是上过高中的人，懂得学历的重要性，他也理解和心疼妹妹的辛苦，最后帮忙说服了父母，推迟几年再结婚，他自己出去打工挣彩礼钱。

就这样，英子争取到了考大学的机会。后来她也如愿以偿考到了北京的大学。她的确争气，整个大学四年都是靠助学贷款念完的，还勤工俭学挣自己的生活费，毕业后顺利留在了北京，找到了一份收入很不错的工作。

后来，英子实现了承诺，在北京落脚的同时，也在帮助家乡的哥哥和家人改善生活，结果皆大欢喜。

※

女孩子,永远要把自己放在第一位,永远为自己,尤其是为未来更长远的自己考虑。

虽然道理适用于所有人,但为什么我一定要强调女孩子呢?因为女孩子更感性,更容易有恋爱脑、亲情脑,更容易因为情感原因而失去理性的判断;相反,男人往往更理性,不容易出现这样的状况。

女孩子要学会做一个"利己主义者",分得清什么是利"己"的,什么是利"他"的,远离身边那些拖你后腿的人。

这里说的远离,不是要你自私自利,甚至变得六亲不认,而是在必要时,在人生重要关头要保持冷静、头脑清醒。不是不让你孝顺自己的父母亲人,而是当你摆脱了一切阻力,变得越来越好时,才会有更多能力及财力帮助你身边的人。

当你实现了阶层跃迁,站得高了,身边人的层次也自然会更上一层楼;当你过得好了,你的家人和亲人的福气自然在后头。

好东西是值得等待的。

第4章 爱情最好的模样，是相互滋养

不要和没有可能的人频繁聊天

一次在热搜上看到这样的话题：不要和没可能的人频繁聊天。我立刻把它转发给了我的好姐妹乔伊。

乔伊最近情绪不太好，和她经常聊天的一个男生突然不理她了，她很失落，总是想着对方为什么会这样，是她哪里做得不好吗……搞得好像失恋了一样。

我问她前因后果，她说是打游戏时认识的网友，经常一起玩游戏，感觉很不错，后来越聊越投机，有时候能聊到凌晨都不舍得互道晚安。乔伊单身一阵子了，本来就是一个分享欲强的人，碰到这样一个又体贴又很懂她的人，就越来越对手机另一端那个素未谋面的男生上头了。

他们两个人虽然身处两座不同城市，但超级有默契，每天都事无巨细地分享各自的生活，上班摸鱼聊、吃饭聊、睡前聊……她觉得自己遇到了对的人。

直到两个多月后,这个男生开始莫名地冷淡她,不再搭她的话茬儿,她想约对方线下见面,对方直接玩起了消失,拉黑了她。

乔伊以为遇到了灵魂伴侣,可以有一场甜蜜的爱情,其实对方只是在无聊的时候找个人打发时间而已。

乔伊不解,他们肯花大把时间陪对方聊天,坦诚和彼此分享喜怒哀乐,难道不是互相喜欢吗?

是的,高频率的聊天会让人产生恋爱的错觉。暧昧上头的那几秒真的像极了爱情,但事实上,它终究不是爱情。

高频聊天会带来情绪价值

高频率聊天会产生和对方恋爱的错觉,很大程度上是因为在聊天过程中,对方可以带给我们情绪价值。

网上有句话叫"你在想着我的同时,刚好我也在想着你"。最美好的感觉就是,你正在犹豫要不要把刚刚看到的好玩的事分享给对方的时候,他的消息也刚好到。

这种刚刚好的感觉就是暧昧,能给你带来满心欢喜的情绪价值。

第 4 章 爱情最好的模样，是相互滋养

暧昧期的甜，就甜在两个人都超级配合。你发任何信息，对方都会顺着你的话题聊下去，让你产生一种被理解、被重视、被刚好需要的美好感觉。尤其是在前期阶段，两个人都处心积虑地想展现自己最有魅力的样子，主动找话题，让对方觉得自己很有趣。

比如，对方在朋友圈展现了什么信息，另一个人就立刻关注学习。无论是多冷门的话题，他们都可以没完没了地聊下去，简直就是遇到了一个完全懂自己的灵魂伴侣。

现代年轻人普遍一个人生活惯了，生活节奏快、精神压力大，白天在工作中精神抖擞，回到家中却不得不面对孤独寂寞冷清的自己，而暧昧是一场免费的精神 SPA，能够给双方提供短暂的情绪价值。

如果这种感觉适可而止，拥有过但不当真也就算了，就怕你对这种虚无缥缈的情绪价值形成依赖，甚至成为一种习惯。

"21 天习惯"原则

心理学认为，行为可以改变一个人的心理。我们都知道行为的形成是以 7 天为一个周期，21 天就能稳定成为习惯。当你经常和一个人频繁聊天时，每经过一个7天，这种行为就会得到一定程度的强化，继而成为一种习惯。

所以说，高频聊天不是爱情，只是习惯。

高频聊天产生爱的错觉，是一种由习惯、信任和欢喜交杂的假象。它不是真的爱情，而你渴望的爱与理解一定要托付给那个真正值得的人。

少聊天，尽早见面

聊天其实是思维意识的交换。可以靠聊天开始一段感情，但是感情不能仅靠聊天维系，见面相处才是检验你们关系的试金石。网上聊得热火朝天，但是见面后发现不行，那么前面所有的努力就白费了。你们真实的关系需存在于现实生活中，而不是虚拟世界里。

即使是异地恋见面不方便，日常沟通只能靠聊天，那么两个人也要尽量争取多几次线下见面的机会，多相处，多见见对方的朋友和家人。

因为每个人在网络和现实生活中的状态是不一样的，有的甚至完全不一样。

第4章 爱情最好的模样，是相互滋养

比如，在网上有些人是社牛，什么话题都能聊，什么梗都能接住，风趣幽默，贴心甜蜜，但是在现实生活中可能是社恐，不敢和人正常地接触交流。从社牛到社恐的落差，可能还不算太夸张，其实有些人可以在网络中表现得彬彬有礼、温文尔雅、随和谦让，现实世界中却是个脾气很坏、看什么都不顺眼，喜欢大呼小叫的暴躁狂，更不用说那些靠修图、谎言骗术活在网络世界的人了。

网络世界毕竟是虚拟的，需要现实世界的检验才能辨其真假，才能知道屏幕后面的那个是人还是魔。

人和人的相处，始终都需要面对面交流才具有真实感。你可以很直观地感知到对方真实的情绪，可以观察他的为人处世的态度，可以判断他的价值观和人品是不是和你契合。这个时候，真正爱你的人不仅愿意花时间和你聊天，更愿意用行动表达爱意。

只有落到生活实处的关心和爱，才值得你真正地去珍惜和追求。

上心不上头

心理学中有一个"美丽困境效应"的说法：人们往往会对

那些坦诚且表现得脆弱的人，抱有更加开放积极的态度，会对其增加信任感，甚至引发浪漫关系。双方隔着屏幕，容易将对方勾勒成符合自己需求的样子。"恋情最美的部分，是你的想象力。"网聊对象经常涉及一些深入的话题，如原生家庭的困扰、职场人际关系的复杂、朋友间的疏离淡然……一些无处倾诉的东西，可以在一方聊天框内流动。

这种感觉，热情又虚伪，新鲜又浪漫。

但屏幕那边的人可能只是太寂寞了，可能他和任何一个人都能聊得火热，可能他就是习惯在虚拟世界找人吐吐槽，甚至屏幕那边的他还可能是一个"杀猪盘"诈骗集团……他不是真的喜欢你，只是利用你，而你却对他的廉价"陪伴"上了头。

所以，一定要警惕用大量情绪价值贿赂你的人，因为这样做的真正原因往往是他的硬件价值不够，只能拿成本最低的情绪价值——陪你聊天来弥补。

现实生活中，真正优质的人，无论男人还是女人，因为自身条件好、自尊高，不会缺少异性的喜欢，他们往往生活得更加充实，很难富余出大量的时间陪你聊天，为你输出所谓的情绪价值。

这其实也是分辨"杀猪盘"的最好方法。当你在网上遇到一个头像帅气、自称身高183cm，同时多金还单身的优质男生时，一定要冷静地想一下：他条件这么好，还会有时间网恋且只对你嘘寒问暖吗？

想要认真发展一段关系，要学会上心不上头，学会慢热。

真正的合适是彼此欣赏又能保持独立和理性，是能控制自己的感情，是能看到对方身上的优点和缺点，并能接纳对方的缺点。

不要轻易被一些表象迷惑，更不要给对方上一层滤镜，因为对方的一点点好就迷失了自己，失去了自尊。

理性的择偶条件是，一开始就不能盲目掉进情绪价值的甜蜜陷阱中。要先看对方现实中的硬性条件，你重视的硬件条件过关了，对方也有相应的接触意愿，再认真地发展这段关系。

聊天没有错，错在把初识的神秘吸引力，那一秒的心动，当作了爱情。

真正的爱情，一定是双方表明心意，向彼此靠近，而不只是隔着屏幕，互道晚安。

真正的爱情，一定是能够走出屏幕，走进现实生活中的感情。

别去喜欢一个只陪你聊天的人，因为消息可以群发，但爱情不能。

四个故事告诉你，他其实没那么喜欢你

很多女孩子的恋爱史中，都有"遇人不淑"的伤心故事，明明想要甜蜜的恋爱，却一次次被辜负和伤害，不幸遇到渣男。

女生在两性关系中更容易感性高于理性，遇渣男的比例就高。而且，有些恋爱脑附体的女孩子仿佛天生具有"吸渣"体质，经常在"垃圾堆"里找男人。

渣男有什么特征？总的来说，就是对待爱情不认真、不负责任。他们把异性当成猎物，嘴甜心却冷。

当你在一段关系中患得患失，不能舒服自在地做自己的时候，姐妹们，擦亮眼睛看清楚，他其实并没有那么喜欢你。

第4章 爱情最好的模样,是相互滋养

故事一:他总是不回复我的消息

迪迪最近和男友聊天,对方总是回复得很慢,甚至有时候能超过一天都不理她。男友给迪迪的理由是:他很忙,不能总看手机。

但迪迪纳闷的是,他们两个人刚认识的时候,他也是很忙,却无论什么时候都能秒回,甚至他乘坐飞机的时候都要购买机上 Wi-Fi 和她联系。按照他那时的话说,他不想错过我的任何信息。

两个人相处三个月不到,他好像更忙了?

现代人平均每 6 分钟就看一次手机,每天看手机的次数超过 100 次,每天打开手机的时间超过 4 小时。超过 90% 的人,睡觉的时候把手机放在身边……

如果一个男人不回你微信,不主动找你,还总是说他很忙。亲爱的,别傻了,他其实没那么喜欢你!如果他真的喜欢你,他一定会找你的。无论你在哪里,他都能想方设法找到你,无论以什么样的方式,他都会主动联系你,因为他在意你。

他不爱你但是又不舍得真的让你走,所以有事没事撩拨你。他是很忙,因为他在"养鱼",你只是他池塘里的一条鱼而已。

真正在意你的人,即使他有 100 条信息需要处理,你也是他的优先级。

故事二：我们在一起 5 年了，但是他不想结婚

Helen 和男友在一起 5 年了，她早就想结婚了，双方家长都见过面并彼此满意。但是男友却迟迟不愿意和她结婚，总是以自己恐婚、结婚了以后马上就要生孩子等为由推脱，不愿意谈这个话题。

Helen 很迷茫，不知道要不要继续下去。

两个人的各方面都很合适，但一提结婚对方就装傻。这样的男人，越早离开越好，不要在他身上浪费时间了。相信你的直觉：他其实没那么喜欢你。

女人和男人不一样。相处时间长了，女生会给男生加分，但男生会给女生减分。一个男人会不会娶你，其实和"与你在一起多长时间"本质上并没有关系。如果他对你足够满意，可能认识仅三个月他就会向你求婚。他若很爱很爱你，就会恨不得马上和你结婚，牢牢地把你拴住，生怕你被别的男人抢走。因为雄性生物的领地意识极强，自己想要的东西，会不惜一切去争取。

他不是不想结婚，只是还没找到更好的。跟你不分手又不

结婚的男人，本质就是自私。他既不愿意为你负责，也不愿意失去你，心安理得享受你的好，又不愿意限制自己的自由。

他不是"不想结婚"，更深层的意思是他"不想和你结婚"，他在等自己认为配得上自己的那个"更好的女人"，仅此而已。

故事三：我们天天聊天，但是很少见面

小米最近打游戏认识了一个男生，他游戏打得好，经常带着小米一起玩，人也很有趣，总是逗得小米哈哈大笑。两个人在网上认识了快两个月，终于奔现了。男生各方面都很不错，小米很满意，男生似乎对小米也很感兴趣，两个人聊得很开心。

奔现的那天晚上，男生想要和小米去酒店开房，小米拒绝了。男生也没说什么，各自回家。之后，他们回到网上继续热络地聊天，男生每天嘘寒问暖，表现得对小米很在意，小米对他越来越上头，但是男生却不再提线下继续见面的事情。

一个总是给你发"早安""晚安""宝宝我想你"，却没有时间和你见面的男人，很可能同时给许多女人发送了同一条信息。

这样的男人，不是"杀猪盘"，就是"海王"。

可以网恋，网恋没有罪。社交媒体时代，越来越多的年轻

人是在网上认识的。但是记住，网恋一定要尽快奔现。

奔现后如果双方都满意，想要继续下去，那么下一步就是要认真发展正常的线下关系了。吃饭、看电影，和对方的朋友聚一聚。如果线下两个人也很合拍，想要更深入接触，可以安排一起出游旅行等。线上保持热络，生活中也要保持正常接触。网上只是你们结识的途径而已，一段健康的恋爱关系不能只存在于虚拟世界里。

一个只在网上对你热情，而不愿意和你见面，逃避现实的男人，他没有那么喜欢你。他只是在打发时间，而你可能正好是他的消遣对象而已。

另外，奔现的感觉再好，也不能第一次、第二次就发生亲密关系。即使很喜欢对方，也不要冲动，可以线上继续热恋，但是也要在线下保持正常约会一段时间后，再发生亲密关系。

如果你很随便，男生也会很随便，本来他想认真都认真不了。你只有先尊重和爱自己，对方才会尊重及认真地爱你。

故事四：他总是冷暴力

Yami 的男友特别擅长冷暴力，一言不合就对 Yami 不理不

第 4 章 爱情最好的模样，是相互滋养

睐。刚开始，Yami 以为这是情侣之间吵架后的冷战，后来她发现不对劲了。每次两个人闹别扭，男友都是不沟通、不示好、不和解，直到 Yami 实在忍受不了煎熬主动认错求和。两年多的时间里，Yami 被这段关系消耗得精疲力尽，在男友的眼里，她永远是做错的那一方。他平时总是喜欢责备她、贬低她，还动不动就玩消失，好几天都不见人。Yami 发现自从跟他在一起后，自己越来越不开心了。

Yami 遇到的这个男人是典型的冷暴力，具体表现为爱逃避、冷漠、不作为，是没有担当、不想负责任的表现。一个男人明知道惹你伤心，却依然无视你的眼泪，对你不闻不问，就代表他根本不愿意对你的痛苦、对你们之间的关系负半点责任。一遇到问题，他就只会选择逃避、拒绝沟通，也懒得解决，就像一个冷漠的旁观者。

"冷暴力"，顾名思义，它首先是暴力的一种，虽然没有肉体上的殴打折磨，却是精神上的伤害和虐待。

而真正爱你的男人必然是靠谱的：事事有回应，件件有着落。可能他比较直男，吵架的时候不懂得怎么哄你，不知道怎么让你开心起来，但他愿意用自己笨拙的方式让你知道，他在你身边关心着你。他永远不舍得冷落你，更不会无缘无故玩消失。当你需要他的时候，他一定会在。

真正爱你的男人，不忍心伤害你，只想保护你。

而渣男恰恰相反，他不仅不在意你的感受，一切都要以他为中心，还会利用你、消耗你、贬低你，到最后让你觉得自己很无能，配不上他。

在一段感情中，你越来越不自在、越来越不自信，就是你转身离开的时候了。永远不要期待一个渣男会为你变好。

电影《他其实没那么喜欢你》中有这样一段话：

"我们看过的每一部电影，听过的每一个故事，都在让我们去等待真爱。但有时我们太过专注最后的好结果，以至于忽略了身边的那些信号。"

美国心理学家杰克森·麦肯锡在他的著作《如何不喜欢一个人》中说，不要幻想把渣男改造好，渣男的属性就是无法被改造。

遇到渣男及时止损。你不需要用渣男的爱来证明自己是可爱的、值得被爱的。

记住一句话，伤害你的人只会反复伤害你。当你遇人不淑时，最好的办法是转身离开，你会遇到那个对的人，而且你更值得被温柔以待。

第4章 爱情最好的模样，是相互滋养

真正厉害的女生，都在用强者思维谈恋爱

我发现身边恋爱顺利、婚姻幸福的女性有一个共同特征：看似柔弱，但内心有着强者思维。

强者都是拿得起，也放得下。嘴软心硬，谈感情既能成全对方，更会取悦自己。真诚付出，爱对了就好好珍惜；被辜负了也能转身就走，不会让自己陷入泥沼里脱不了身。

而弱者的思维是等、靠、要。喜欢抱怨，不清楚自己到底要什么，适合什么样的人，做选择时总是有从众心理，患得患失，容易有牺牲感，优柔寡断。

相反地，强者的思维是独立，顾全自己也能利他，敢负责，有担当，不怕失去。

有强者思维的女生，下面几个特点最明显。

永远要把自己放在第一位

强者都是爱得起的,认为:"我爱你,是我自己的事;我付出,是因为我乐意;我想给,我才给,而不是为了让你更爱我我才给。但如果有一天你让我不爽了,让我觉得这段感情不值得付出了,我有给的能力,也有能随时收回的能力,我会选择离开。"

强者在感情关系中不拧巴、不纠结,以自己的感受为先。

能让一个人对你产生深度的喜爱,是对方在和你一起的时候舒适自在。你做你自己,他做他自己,你们既可以合二为一,也能同时保持着独立的灵魂和空间。

因为具有强者思维的女生总是很清楚:"我的另一半对我很重要,但我自己更重要。"

你的事优先于他。你有自己的事业和爱好,有自己的朋友圈子,不会整天盯着他。你专注自己的事情,常常忘记他的存在,等你忙完了或者需要的时候,才去撩撩他。这样的你,在他眼中才能拥有持续的魅力。

女生要永远记住这一条:不管你条件有多好,一旦让对方觉得你离不开他的时候,你的价值就消失了,甚至在他的眼里变得一文不值。因为所有人都是慕强的,这是人之天性。男人

第 4 章 爱情最好的模样，是相互滋养

又是爱征服的动物，当他发现已经把你完全"驯服"时，他就没有了成就感，只会继续挑战下一个目标，攻克下一道"难关"。

这就是为什么很多女生总是遇到渣男，明明她比身边的男人优秀很多倍，但她还是被出轨、被家暴，容忍对方一而再、再而三地辜负她、伤害她。

相反，如果你是一个不怕失去的女人，洒脱、有魅力，不会对男人有很重的托付心，身上散发出独立不好驾驭的气场，你就会激发男人的征服欲，让他珍视你、离不开你。

把感情的位置缩小

一个女人在感情中最大的底牌，既不是她的颜值，也不是她的经济价值。如果一个男人因为这些外在条件和你在一起，那么他早晚会离开你。因为这些外在条件不是你的专属，当他腻烦后，就会因为寻找到下一个更好的对象或猎物而厌弃你。

一个女人在情感中最大的底牌，是"她就是她自己"。她的个性、她的心态、她为人处世的能力，她在这个社会中的稳定角色，她能够给予另一半的慰藉与陪伴，才是她的最大价值，而且是独一无二的。

理性的女人从来不把全部心思放在情情爱爱上。感情对她很重要，但不是全部。除了另一半，她还有自己的工作和生活、自己的社交圈子。

男人和女人不一样，在享受亲密之余，他们会更需要一些独处空间。如果和你在一起后，你总想控制他，男人就会觉得自己的空间被入侵了，反而容易产生逆反心理。

聪明的女人会向男人学习，把感情的空间缩小一些，懂得张弛有度，分开的时候就独立一些，享受自我空间，在一起的时候就甜蜜一点儿。这样的两个人相处起来既相互依赖，又舒适自然。

别轻易试探人性

余华说："爱在人性面前，简直就是一个谎言。"

爱情是世间最美好的情感之一，但也不要将爱情神化。爱情的主体归根结底是普通人，人们可以相信爱情，可以追求完美的爱情，只是别高估了人性。

朋友的表妹遇到过一个极品渣男。她喜欢上的那个男人一表人才,口才也不错,很讨人喜欢。但是他眼高手低,不肯脚踏实地上班,总想能不劳而获挣大钱,于是迷上了赌博。

很快他就赌没了财产,连要结婚用的彩礼钱都赔了进去。所有人都劝表妹赶紧跑,这样的男人不值得托付,继续在一起的话,只会把她也拖入泥潭。

表妹情深意切不听劝,还是相信这个男人有救,能够洗心革面和她一起开启新生活。她把自己工作后存的钱也给了他,果不其然,他照样拿去滥赌……最后追债的知道了他们俩已经订婚,就追到了表妹家门口,暴力威胁他们全家人,表妹这才彻底死了心,连夜退婚搬家,斩断了这段关系。

人性就是这么残酷。生活不仅有风花雪月,也有残酷的现实。很多时候,我们只有了解了人性,才不会被自己高估的人性伤害。

女孩子不能被盲目的感情蒙蔽了眼睛,很多时候你以为感动了别人,到头来只是感动了自己,甚至可能被利用。

在具体的处理方式上,要秉承抓大放小的原则。

"抓大"就是明确自己的底线,一旦对方碰触到你的底线,如出轨、家暴这些不容许原谅的原则问题,一定要坚决选择离开,不给对方一步一步践踏你底线的机会。人性就是这样,一旦他犯过这样的大错,而你选择了原谅或者忍让,他就会变本加厉、愈演愈烈。因为他知道，在你面前，他犯错是零成本的，不需要承担后果。

"放小"就是在具体的生活方式上，学会包容体谅、求同存异，不会在对方的生活细节上参与和要求过多。不要求对方一定要在某些细节上给你足够的安全感，才能证明自己是被爱着的。

比如，你过生日的时候，他忘记准备礼物，你很失望，有情绪很正常，但这不是违反原则的大事，只要他不是主观故意的，就不需要不依不饶，拿这种小事大做文章。在处理小事上，不要放大问题，而是要忽略细节，大度温柔。

女人在情感处理上和男人不一样，女人往往偏感性，而男人更理性，更倾向于用强者思维去解决问题。在这一点上，女人也应该多多练习，培养自己的强者思维，感性又不失理智，处理方式虽柔软，但内心却强悍清醒。

这样在处理感情问题时，才能冷静自知，找到适合自己的另一半。两个人在一起后才能越来越优秀，越来越和谐。

为何林青霞和山口百惠都不惧老：
一个人最好的状态，是不和自己较劲

前几年，消失数十年的日本知名女星山口百惠的照片曝光，引起网友一阵热议。

60岁的山口百惠穿着浅蓝衬衫、黑裤子，打扮素雅，外出购物。虽然没有了昔日的明星风范，但眉眼弯弯尽显温柔知性，浑身散发出属于她那个年龄阶段的优雅美。

山口百惠的现状，让我想起了和她几乎同时代的林青霞。

60多岁的林青霞早已淡出影坛，鲜少露面，但每一次亮相，依然能够引起媒体长篇累牍的报道。

很多爱看热闹的人，总是拿她年轻时的照片和现在做对比，感叹她没能逃过自然规律：发福、皱纹、美人迟暮。

但说实话，像山口百惠和林青霞这样咖位的女明星，从美到老、一路坦然，美而不骄、老而不装，实在颇需要一番勇气。

因为她们早已经明白，真正成熟的人，在人生的下半场，是坦然面对一切，学会不和自己较劲。

※

以前看张嘉译主演的《急诊室医生》里，有这样一个案例：一对母女特别爱美，整容上瘾。女儿在婚礼前夕还专门前往香港做了昂贵的美容手术，以期在婚礼上大放光彩。

但不幸的是，女儿在婚礼上突然昏厥，被送进了急诊室。经检查发现她患上了急性肾衰竭，病因竟然就是那场昂贵的美容手术——"僵尸美容法"。

原来，这个"僵尸美容法"就是抽取自身的血液，分解后注射到脸部皮肤中，从而让皮肤保持白皙、红润、有弹性。但是血液在分解过程中极易受到污染，并在体内发生排异反应，直接导致了肾功能衰竭。

这种事例不仅发生在电视中，现实生活中因为爱美而毁掉了身体，甚至危及生命的例子比比皆是。背后的原因只有一个，就是盲目追求完美，不接受自己的瑕疵，不择手段地"伪装"自己，把自己变成理想中的样子。

从心理层面分析，嫌弃自己的容貌，或者害怕变老，是无法控制自己人生的表现。

第4章 爱情最好的模样，是相互滋养

因为他们的价值感建立在别人的评价之上，别人不经意的一句话，或者无意中的一个眼神都可能让他们变得诚惶诚恐，所以他们才会对最容易呈现给别人看的外貌格外在意，并刻意精心地维护。

余秋雨写过一句话："没有皱纹的祖母是可怕的。"

真正自信的人，都有一个基本认知：我们没有办法阻挡时间的脚步，那就学会接受岁月的馈赠，在光阴流逝中找到与自然的平衡点；同时，习惯生命中的那些缺点与瑕疵，用些许遗憾来丰富我们的人生。

※

知名心灵导师张德芬分享过自己年幼时遭遇邻居性侵的悲伤故事。

那时，她还是个无知又无助的孩子，父母疏于照顾她，使她被道貌岸然的"色魔"折磨，而她又不敢说出真相。

那段生命中最灰暗的岁月，一直在影响着她。

长大后的她，苦心经营自己的事业和家庭，虽然事业有成、家庭幸福，外表光鲜亮丽，名利双收，但多年以来，她经常抑制不住地焦虑、犹疑，甚至患上忧郁症，一直是个不快乐的人。

后来，她找到了症结所在：童年的阴影看似被遗忘，但那

个深深埋葬在角落里的秘密一直带给她隐隐的伤害。她在内心深处拒绝接纳那个被伤得千疮百孔的小女孩,她不能原谅自己的遭遇,甚至一直在不自觉地憎恨自己。

不堪往事已成过去,放不下其实惩罚不了别人,受苦的最终是自己。

在每个人的成长过程中,只有愿意承认和接纳自己的脆弱、不足,甚至那些阴暗、晦涩的过往,才能真正正视自己,和自己的内在和解。

将不完美变成追求完美的动力,往前一步,奋力走下去。

每个人心中都有一个标尺会不停地衡量自己的得失成就,并时刻提醒自己,要变成所谓的强者。

投射到表面,可能是对自己的外表或行为举止不自信,想要通过各种手段去改变自己的容颜与形态,提升竞争力;投射到内心,可能是对自己充满各种嫌弃,埋怨自己不够努力,责怪自己没有别人优秀,整个人失落、疲惫,生活状态也会陷入焦虑。

心理学家武志红关于接纳自己,说过一句很中肯的话:

"越逃避,阴影越重;越勇敢,阴影越轻。"

每个人都是独一无二、不可复制的,快乐、痛苦、阴影、光明……都是人们生命中的一部分,无论缺少哪一部分,都无法拼凑成完整的自己。足够勇敢的人应该扛起所有问题，继续往前走。

因为很多时候，现实就是这般残酷，不是每一个问题都有答案，既然找不到最完美的解决方式，那就顺其自然、坦然面对。

我们要有原谅世界、接受自己瑕疵的勇气，只有不和自己较劲，方能迎来海阔天空。

第5章

物欲无边，
你要养成理性消费的习惯

"做哪件事可以提升生活品质？"

"定期扔东西！"

先来说一件我自己的小事。

半年前，我搬家。搬家之前，只觉得家里的空间越来越小，东西越来越多。我心想，终于可以趁机扔掉一些旧物了。

但谁知，越整理越发现，家里何止一两件旧物，没用的却一直囤积着的东西真的太多了，简直就是一个大型的垃圾站啊！

当初兴致盎然买回来的很多东西，后来却一次也没用过。抽屉里塞满了各种数据线、充电宝、电源插头；柜子角落里存放着一沓沓发黄的收据；橱柜角落里藏着过期食材；药箱里囤积着过期的居家药品；儿童房里随处可见缺胳膊少腿的

第 5 章　物欲无边，你要养成理性消费的习惯

玩具……

还有那些网购时送的便利贴、钥匙扣，甚至是高跟鞋的备用鞋跟之类的赠品，当时总想着也许哪天会用得上，于是收了起来，一放就再也没有拿出来。

最搞笑的是，我在储藏室里还发现了几件全新的未开封的婴儿用品，当时托朋友千里迢迢从全球各地买回来，但因为有些操作太复杂，心想着有时间再研究一下，最后完全忘记。

当然，最壮观的还是衣物，那些挂在衣柜深处，以为自己瘦成闪电后会穿到的裤子，出席一些特别场合会穿上的裙子，早晚有一天会搭配上的高跟鞋……却从没穿过。

最后，全部整理完并做了一次 Garage Sale，还捐赠了几大箱玩具和衣物后，不要的大小杂物竟然还能堆满半个车厢。

咬牙扔完之后，不仅家里环境干净整洁，人也顿觉轻松惬意了许多。

※

知乎上有个很热门的问题：做哪些事可以提升生活品质呢？

点赞量第一的回答是：定期扔东西。

实在是不能同意得更多了。

我们生活在一个高度发达的消费社会中,"剁手买买买"经常在所难免,总是在不知不觉中就收了一大堆有用的没用的东西回家。

　　避开"买买买"陷阱,需要自控力,而学会"断舍离",才是真正高级的生活方式。

　　当你学会定期扔东西时,也就学会了控制自己的欲望,自然而然就不会再买一些不必要的东西了。

　　我的朋友 Sharon 前几天给我看了下她的衣橱。

　　她的衣橱里,每一季的衣物一只手就能数过来,大都是非常简洁的基础款。比如,她只有两件毛衣,其中一件还是毛衣裙,4 条牛仔裤,其中一条是牛仔短裤。

　　这么少的衣服,能穿出什么效果?

　　这么说吧,我们这一帮朋友里,Sharon 的衣品正是常常被夸赞的那个。

　　但是,Sharon 告诉我,以前她的衣橱可是大到一面墙,还总觉得不够用,里面琳琅满目、花花绿绿,每次出门前都要纠结该穿哪一件。

　　我问她,学会定期扔东西之后,最大的感受是什么?

　　她说,是脱离了对物质的依赖感——不会因为打折而去买衣服,不会因为不开心而去买衣服。

第5章 物欲无边,你要养成理性消费的习惯

而且,经过精挑细选和取舍决断,留下的每件衣服都很好看!

从表面看,"断舍离"是一种家居整理、收纳术;从深层看,其实是一种不拖泥带水、积极乐观、只活在当下的人生态度。

日本人山下英子是"断舍离"生活方式的开创者,她在《断舍离》一书里推出的概念:

断等于不买、不收取不需要的东西;

舍等于处理掉堆放在家里没用的东西;

离等于舍弃对物质的迷恋,让自己处于宽敞舒适、自由自在的空间。

山下英子认为:"不用的东西充满了咒语般束缚的能量。置身于这样的环境中,就几乎等于住在一个垃圾暂放室。"

《断舍离》的核心思想,其实中国的古典大家老子在几千年前就已经说得很清楚:

"无为而无不为。取天下常以无事,及其有事,不足以取天下。"

少即是多,不妄为,就没有什么事情做不成。

因为,不必要的需求只会带来困扰,会影响一个人的判断力和专注力。

※

泰戈尔在《飞鸟集》里有这样一句诗："有一个早晨，我扔掉了所有的昨天，从此我的脚步就轻盈了。"

你扔掉的是东西，留下的却是轻松与畅快，人生更是如此。

不会扔东西的人，家里的东西越存越多，房间越来越小，挤压着生活空间，最重要的是，也影响着人的气场和情绪。

扔不掉东西的人，可以分为三种。

第一，逃避现实型。

总是找借口自己很忙而不想收拾房间，找各种各样的事情让自己忙碌起来。反正家里已经乱七八糟到让自己看着都烦，就更不想待在家里了。

第二，执着过去型。

认为过去的东西都有纪念价值，舍不得扔。这其实是以过去的东西作为情感寄托物，本质上对于过去，无论是好的还是坏的，都有强烈的执念，瞻前顾后、优柔寡断，不由自主想要往后看。

第三，担忧未来型。

这类人最大的特点是，无法成功地让自己全心全意地活在当下，总是想囤积过多东西以备不时之需。

从心理学上说，"断舍离"并不是以清理生活物品为主要目的,而是希望借助物品来了解自己,在筛选和分类的过程中梳理内心的杂乱,更加了解内心深处的需求。

我自己的体会是,这次搬家彻底让我养成了定期整理旧有物品的习惯。

每月一次的大清扫和大整理,外表看起来整理的是物品,但我其实是在整理和归纳生活习惯,给自己和家人一个有序可控的生活状态。

曾经在网上看到这样一个观点。

"到了一定年纪,我们就必须扔掉四样东西:没意义的酒局、不爱你的人、看不起你的亲戚、虚情假意的朋友。"

这真的深刻至极。

人生本已不易,我们最不该做的,就是负重前行。

扔掉杂物、断掉杂念、拉黑烂人、遗忘旧事、轻装上阵,活出你最想要的样子。

避开消费陷阱：什么东西一定要买贵的

有一个小姐妹受伤住院，我去看她，一问才知道，她是自己在家健身时，因为一个瑜伽垫不小心摔倒的。

原来她当时图便宜买的瑜伽垫不防滑，一动起来垫子就跟着脚底走，运动激烈的时候一不留神，整个人被垫子绊倒，害得她的一条腿挫伤加骨折，真叫一个惨烈。

朋友后悔不迭，买杂牌瑜伽垫本来是想省钱的，最后却让自己受了伤，实在是因小失大。

从医院回来的路上，我不禁思考一个问题：我们身在消费主义时代，避免不了买买买，到底是买贵的还是买便宜的？

我二十几岁的时候挣钱不多，那时候的消费原则是不管买什么，尽量买便宜的。因为总觉得便宜的才省钱，但后来慢慢发现，买贵的更省钱。

那些廉价的东西，用了一两次后就不得不丢弃，或者使用过程中有诸多不顺，最后影响到使用体验，背后浪费掉的不仅是钱，还有心情。

当你学会了理性消费，就会发现：其实钱这种东西，很多时候并没有真正被花掉，它只是换了一种我们更喜欢的方式陪在我们身边。

那么，哪些东西更适合买贵的?

第一，日常生活中使用频率高的

在力所能及的范围内，将自己经常使用的物品升级到最好。比如，手机、电脑、贴身衣物、床品、防晒霜、耳机、鞋子等。这些每天都要用到的东西，时间久了就知道了，买贵买好是真的省钱省心，不用天天想着换、费事修，而且使用体验感好，心情都会变好。

有这样一句谚语："穷人买不起便宜货。"因为便宜货很快就坏了，从长期来看你投进去的钱更多。

从经济学角度来说，必需品还是要在自己能力范围之内买贵的。你越早买，平摊到每一天的成本就会越低。看起来是贵的，其实是最划算的。省钱不是不花钱，而是聪明理性地花钱。

第二，能够提高工作效率的物品

能够提高工作效率的物品，不要吝啬花钱，尽量买质量好的。记住，理性消费的原则是买质不买量。与其说买东西要买贵的，不如说买质量好的，虽然多花了一些成本，但赢得的是你的工作效率的提高。

比如，我曾经觉得低配置的电脑更划算，同一型号能便宜好几千元。但是真正用过之后才发现，低配置的电脑没用几天就得各种清缓存。虽然我不打游戏，但电脑的整体运行速度就是不灵光，不敢下载东西，看高清视频时还卡顿。最后的结果就是，不得不再买一个高配的电脑。

不光是买电脑，其实很多时候人们花钱都会陷入这样的模式：本来是为了省钱，买个便宜的，最后发现，便宜的根本不好用，不得不又买个贵的。里里外外花了两份钱，不仅浪费了钱，也影响了工作效率。我如今买东西就时时提醒自己：决定要买了，就买能力范围内最好的。

第三，关于健康的东西

人最重要的本钱是身体，最不应该将就的是健康的饮食和生活方式。比如，喝优质的牛奶，吃新鲜的食物，买应季的水果，尽量多地自己下厨，减少外卖。一日三餐，用心对待。

有小毛病及时就医，不要拖，定期做体检，了解自己的身体状况，为健康花钱，才是最值得付出的投资。

第四，力所能及，买质感好质量佳的东西

贵的质感会让你呈现不一样的状态。这是一种不易察觉的心理暗示，因为你的身体和气质都会被贵的质感带来的舒适感和高级感日复一日地滋养，提升了幸福感。长久来说，物超所值。

我刚出国的时候，正好是快消品牌风靡的时候，如 H&M、Forever 21 之类，一件衣服才二三十美元，逛起来毫无压力，可以一次狂买十几件。但是，这些衣服大都只能穿一个季度，都是应季款。这些衣服质量也不行，水洗后容易变形，毛衣爱起球，有些裙子一看就是廉价货，再也不想穿第二次。

我很快就明白了，这种廉价消费看似是在省钱，其实每个月的置装费也不少。我果断抛弃了快消品，开始买一些轻奢牌子，甚至是大牌子，每个月几乎花同样的钱，买的量少了，但是质量精了，穿衣的品位也提升了。

也因为这些消费习惯的改变，我学会搭配衣服，学会分辨经典，用最少的衣服数量搭配出最多的花样。现在，我还是经常整理衣柜，却很少扔掉衣服了，有些衣服可以一直穿也不会过时。

女人在年轻的时候可以买便宜的衣服，但不要因为便宜就乱买，其他消费也同理。

比如，对女人来说，贴身衣物和洗漱用品也应该买质量好的。一件内衣、一把梳子，品质好的东西所带来的亲肤触感、舒适度，以及对肌肤的呵护，真的可以增加幸福感和安全感。

你对自己好一些，别人也不敢对你差。当你经历过差的，也体验过好的，才知道什么东西不过如此，什么东西必须珍惜。

第五，能够提升你的品位和阶层的

买质不买量，当你拥有的都是质量好的物品时，就会做到

第 5 章 物欲无边,你要养成理性消费的习惯

"物尽其用",而还未拥有的请谨慎选择,注重"品质第一"。

有时候花钱并不能给你带来很多直接的利益,但是如果花钱能帮助提升自己,认识更优秀的人,进入更优秀的圈子,那么就是值得的投资。比如,学一项运动、学一种乐器、看一些好书,或者利用工作之余考一个职业资格证书,考一个实用的学位,去自己行业领域内的商学院进修等。

永远不要忽视对自己内在的投资,不断提高自己是永远不会错的。你学到的知识和技能会伴你终身,还会为你多换取一些在社会立足的筹码。

王尔德有句名言:"一个愤世嫉俗的人知道所有东西的价格,却不知道任何东西的价值。"要知道,其实每一个价格的背后都有一个来自内心深处的价值评判。而这种价值评定,是你对自己的价值评定,是足以影响你人生的定义。

会花钱的人,往往会想办法赚更多的钱,拥有更多的钱。钱都是一样的钱,人生却大不相同。

生活中的经济学：那些可以帮你挣钱的经济学概念

在前面《所谓的成长，就是不断地认知升级》那篇文章里，我提到了几个认知思维的基本概念。除了认知思维，还有一些经济学的基本概念，也值得好好展开说一说。这篇的重点就是介绍生活中人们会遇到的，与日常生活息息相关的一些基础理论，那些生活中的经济学。

有人可能存疑了，经济学的理论看起来大而空、不切实际，为什么你想要普及这些概念呢？

人们如今身处网络信息泛滥的时代，到处充斥着自作聪明、未经调查和论证的言论。我们需要用经济学和一些基础的认知思维概念训练自己的逻辑判断能力，分辨这些过载的信息，避免被误导。

我们中的绝大多数人没有时间精读经济学著作，而对于非经济学专业的人士来说，也大可不必这么做。通过了解一些基础概念，我们就可以对每天看到的新闻事件、身边发生的大事小事有个清晰的认知和判断，从而不会人云亦云，给自己的人生建立一个理性的大数据库，不轻易被他人和环境左右。

这些理论听起来很宏大，但其实也只是人们了解这个世界的一个窗口。当你掌握了它的基本规律后就会发现，它只是增加了你看待世界的方式，让你形成自己的思辨能力，指导你做取舍，理性思考自己的人生选择。

你弄清楚了这些概念，就可以很好地将这些概念应用在自己的人生选择和路径规划上，解决现实生活中的实际问题。

机会成本：为什么有些人的朋友圈要屏蔽

在人们的生活中，所有的资源都是有限的，将特定的资源用于某种用途，就相当于放弃了另一种用途，这种代价就是"机会成本"。也就是说，当你做了这件事情，就占用了你做其他事情的可能性。

举个例子，你睡觉前有两小时的空余时间，可以做以下几件事。

1. 运动两小时

2. 看书两小时

3. 游戏两小时

4. 刷手机两小时

你选择了其中一项去做，就相当于放弃了另外三项内容。因为你无法分身，而你的时间资源和注意力是有限的，不能同时做两件以上的事情。这就是生活中的"机会成本"，也是你的注意力成本。

比如朋友圈里那些爱刷屏的人总是发些鸡零狗碎，把朋友圈当作发泄情绪的地方，或者发的内容与自己的世界太远的人，大多可以屏蔽掉。你没必要将这些人放在你的朋友圈里，这些人虽然不会伤害你，但是会消耗你的注意力，因为在看这些无害但是也无益的内容时，会延迟你看高质量内容的时间。

比如买东西时只买自己需要的，买太多东西及选择使用它们的过程，都是在消耗你的注意力。已经买进家的东西要学会整理收纳，把自己的东西分门别类放好，从哪里拿出去就放回哪里，不要把时间浪费在找东西上，这部分"机会成本"可以做很多其他的事情。

在社交媒体上，不必关注很多人。把那些太过活跃的、总是分享家长里短的琐事却提供不了干货内容的博主删掉，关注他们就是在消耗你的注意力。一般只需看看推送精华,以及在需要的时候检索关键词,找到自己需要的内容就行。

普通人在意我什么都想要,聪明人在意机会成本。做决定时多考虑一下机会成本,你的人生选择就会更加明智。

心理账户:商家为什么喜欢分期付款

先来看一个经典的生活经济学的例子。A 在剧院门口发现花 300 元买的门票丢了,B 买票前发现丢了 300 元现金。他们是否会再买票呢?前者不会,后者会。

原因在于:大部分人不愿意花两倍的钱购买同一张门票。在 A 看来,自己已经花钱买了门票,因此如果这张门票丢了,那么我只能自认倒霉,理应受到"惩罚"。如果再花钱买一张同样的门票,这显然有些铺张浪费了。但是在 B 的情形下,门票需要花 300 元,和钱丢了是完全不相干的两件事情。事实上钱丢了,我可能更需要看一场演唱会来慰藉我受伤的心灵。

这就是典型的"心理账户"的例子:虽然都是 300 元,但人们会把不同的消费行为分门别类放到不同的"账户"中:门票支出属于"享乐消费",东西丢了属于"紧急事故",两者都有各自的功能和边界，互不干涉。

在现实生活中，人们可以看到很多"心理账户"的应用。

比如，整钱是用来储存的，零钱是用来花的。当你的工资卡里收到10000元时，你会存下来；当你收到500元的奖金时，你会想要大吃一顿。

"心理账户"是指人在消费时会根据自己消费额度的预期，进一步决策要不要购买。如果你在购买化妆品方面的"心理账户"额度是500元，那么买一个400元的化妆品时就不会太纠结，因为400元在你的"心理账户"额度内，你可以接受。

当这个化妆品标价为2000元的时候，你就会犹豫，因为它已超出你的"心理账户"额度，你觉得太贵了。

因此，商家发明了分期付款的营销手段，让顾客采用分期付款的方式，分4个月支付2000元的化妆品，这样顾客就不会觉得它很贵了。

因此，我们要做一个聪明的消费者，学习"心理账户"对于日常行为造成的影响。在买东西或者投资时，防止自己被营销手段利用和忽悠，尽量提高自己做出理性和冷静决策的能力。

"心理账户"也可以在日常生活中为人们所用。假如你想送朋友两件礼物，最好分两次送，因为分两次收到两件礼物的幸福感，比一次收到两件礼物的幸福感更强烈。简单点说，就是

"细水长流，小恩惠不断"。

如果你有一个好消息和一个坏消息，应该把这两个消息一起告诉别人。如此整合，坏消息带来的痛苦就会被好消息带来的快乐冲淡，负面效应也就小得多。简单点说，好消息要分开说，坏消息要一起说；小好大坏分开说，大好小坏一起说；先报喜，后报忧。

马太效应：为什么富者更富，穷者更穷

"马太效应"是指强者越强、弱者越弱的现象，来自圣经《新约·马太福音》中的一则寓言："凡有的，还要加给他叫他多余；没有的，连他所有的也要夺过来。"

犹太大地主马太要远游一年，便将他的财产托付给三位仆人保管。

他给了第一位仆人5000金币，第二位仆人2000金币，第三位仆人1000金币。马太告诉他们，要好好珍惜并善加管理自己分配给他们的财富。马太走后，第一位仆人用这笔钱进行了各种投资；第二位仆人则买下原料，制造商品出售；第三位仆人很老实，将钱埋在主人房前的一棵树下。

一年后，马太如期归来。第一位仆人手中的金币增加了3倍，第二位仆人手中的金币增加了1倍，马太很高兴。第三位仆人向马太解释说："我尊贵的主人，您的钱我没有擅自做主，而是将它们保存在安全的地方，今天将它原封不动地交给您。"

马太听了大怒，骂道："你这愚蠢的家伙，竟不好好利用我交给你的财富。"于是，马太拿回了第三位仆人手中的这些金币，赏给了第一位仆人。

故事中的第三位仆人受到责备，是因为他根本没有好好利用这部分金钱。富的更富，穷的更穷；好的更好，差的更差。这就是马太效应。

对于富人和穷人而言，由于富人通常会借助雄厚的经济力量，从而享受到更好的教育和发展机会，而穷人同样由于经济原因，与富人比较则会缺少发展机遇。长此以往，富者更富，穷者更穷。赢家与输家之间常常从起初的很小差距，发展到"赢家通吃"的结果。

金融，其实就是研究怎么合理而充分地使用别人的钱、别的地方的钱、明天的钱。学术一点的说法，就是资本的流动及最优化配置。有些能租的东西尽量不要买，房子除外。比如自行车，买了还得附带成本，即放车的空间、防止偷车等，不如用共享单车。

第 5 章 物欲无边，你要养成理性消费的习惯

生活中处处可见"马太效应"的影子。比如，到一个陌生的地方，人们往往选择生意比较好的饭店就餐，哪怕需要在店堂中等一等，也不愿意去一个客人寥寥的饭店。到医院就诊，人们宁愿在一个有名望的医生那里排长队，也不愿意到同一个科室医术平平的医生那里就诊。于是，人多的饭店客人越来越多，老板的生意越做越大；而人少的饭店客人越来越少，生意越来越差，最后关门大吉。

"马太效应"的底层逻辑是强者恒强。当一个人成功后，他就会产生积累优势，越来越有钱、越来越成功。

这就给了我们一个启示：一个好的起点，充分的原始积累是非常重要的。

对普通人来说，若没有家庭背景和资源扶持，怎么进行原始积累？

那么考一所好大学、找一份好工作，或者学到可以谋生的本领，慢慢积攒自己的资产，就是普通人原始积累的第一步。日积月累，把自己变成厉害的人，才能越来越厉害。

"马太效应"也解释了为什么弱者越弱的道理。如果一个人逃避现实、总是抱怨、拒绝努力，或者沉迷于短期快感之中，将生活过得消沉懈怠，终日不见起色，那么他大概率会陷入一种恶性循环，最终一事无成。

当你躲在阴暗处,太阳自然照不到你。所有的强大,都有迹可循。

只要你一直在充实自己,在别人看不见的地方持续努力,你本身就慢慢磨砺成了"大器",即使暂时身处谷底,也不用惶恐,因为你还有大器晚成的机会。

第 5 章　物欲无边，你要养成理性消费的习惯

物欲无边，消费有度：如何养成理性的消费习惯

在网上看到一个女孩子的生活分享：她今年 28 岁，从某著名大厂失业了，生活方式一夜之间发生巨变。

以前的她，是一个每天都在购物平台购物、顿顿点外卖等消费无度的人。工作这些年来她虽然收入很高，但"买买买"的习惯让她并没有存下多少钱，因此她失业后不得不立刻减少支出。几个月后，她复盘了一下新的支出情况，发现除了房租外，自己每个月的基本支出其实只需一千多元。那么，之前的工资都花到哪里去了？

钱是流动的能量，人们与金钱的关系代表了自己与生活的关系。正确处理好与钱的关系，理性看待钱的本质，学会理财，还要懂得享受生活，这样我们的内心才能自信，生活才能舒适自洽，充满安全感。

不以刷购物平台为消遣

很多女孩子有无聊了刷购物平台，睡前刷购物平台的习惯，在不知不觉中买入了很多不需要的东西。理性消费的第一步就是改变消遣式购物习惯，不刷购物平台。

第二步，就是少看网上的"种草"分享、各种氛围感照片和vlog，对那些强调"幸福感、治愈系"的推送内容，要保持一定的警觉性和分辨力。因为这些刻意营造出来的氛围感很容易让你陷入"我也想要""我也需要""我马上就要拥有"的错觉。比如，现在流行的露营风潮，很多人并不是真的喜欢或者享受露营，但也会跟风购置很多露营产品，使用了一次后这些物品便被闲置。脱口秀演员邱瑞也曾经以非常戏谑的方式，分享他的家里没有猫，却因为被各种"种草"而买了猫爬架的经历，这算是很典型的冲动消费了。

刚需物品要买但不囤

在前面的文章中，我提过能提高生活品质、实用的物品，是刚需消费的要买，而且要买贵的、力所能及范围内品质最好

第 5 章 物欲无边，你要养成理性消费的习惯

的。这里要补充一点，刚需物品可以买，但不要过度囤积。

比如，以下是刚需方面的物品。

化妆品、护肤品：即使再好用，也要坚持空瓶再回购，不囤积浪费。

配饰：拒绝廉价，只买材质好、品牌优的，几样经典款就很百搭。

衣服：不买流行款、流行色，只买品质好的经典基础款，耐穿好搭配。

鞋子和包包：不跟风追潮流，认准几个好牌子，也是只买经典保值的款式。

电子产品：买功能完备、满足需求且最好的，不盲目跟风，追求每季最新款。

囤积习惯看起来能让你更充实、更有安全感，但其实是被物品束缚，为物品打工，一步步陷入内耗和焦虑中，人生被物欲绑架。奖励自己最好的方式是攒钱，当你的钱包越来越鼓时，你的内耗自然会越来越少。

以实用为导向消费,不关注"上新"

有段时间我很喜欢关注店铺的"衣服上新""预售",有时候甚至掐着时间去抢购。但后来发现,这些凭借着新鲜感和一时冲动买回来的东西,很多都不合意,有些穿了一次就懒得再穿,有些甚至买回来就被束之高阁。

现在,我都是根据自己的实际需求买东西。我买它是因为我真的需要它,而不是在闲逛中觉得还不错,然后冲动消费。以实用为导向的消费,可以大大减少盲目性和随机性,不仅避免花很多冤枉钱,还能节约出不少空闲时间去做其他有意义的事情。

多看差评

买东西就和遇到网恋"crush"一样,只看照片很容易上头,尤其是看多了好评和各种带着滤镜的"种草"分享,恨不得立刻拥有它。实际上,图片美衣的效果是模特穿出来的,网恋那头的照片也是可以P出来的,等你实际拥有的时候,就变成了"模特穿"VS"我穿"。在心动的那一瞬间,最好的办法是多去看看差评和真实反馈，可以迅速帮助自己恢复冷静。

一旦犹豫就不购买

我有一个体会，如果买一件物品的时候有一丝犹豫和纠结，那么我大概率并不需要它。一旦犹豫，就说明这件物品的某些地方你并不满意，或者你并不是真的需要。在这种情况下，买回去的物品大概率也是被闲置，不如放弃购买的念头，等待一个满分物品的出现。

先放入购物车，设置购物冷静期

购物冷静期也和上文的"一旦犹豫就不购买"的方法一样，能够避免 90% 以上的冲动消费。当你看上了一样东西时，先不要着急下单，而是把它放在购物车里晾一晾。如果过几天来看，它还是你的心头好，就说明你是真的需要，是真爱。检验真爱的唯一标准，是时间。

周期性整理消费记录，并复盘

如果能将自己每天的日常开支记录下来，自然是一个很好的习惯。但是对很多人来说，365天记账并不是一个容易坚持的习惯，那么"周期性整理消费记录＋复盘"就是一个很好的模式。

我们现在所有的消费几乎是线上或者刷卡支付进行的，每隔一段时间（我的习惯是3个月左右），就打开自己所有银行卡上的购物消费记录，整理出一份单子，并进行分类，然后做个复盘，便可以大概知道自己的消费结构了。

通过复盘自己的消费结构，检验自己的消费习惯，看看哪里该继续保持、哪里该改善，慢慢地就养成了理性消费的好习惯。

最后，我将自己的消费原则分享给大家：

可买可不买的，坚决不买。

纠结买不买的，坚决不买。

因为打折促销想囤的，坚决不买。

因为便宜廉价的，坚决不买。

跟风当下潮流的，坚决不买。

使用频率低，只用一两次的，坚决不买。

第 5 章 物欲无边，你要养成理性消费的习惯

超出自己承担范围的，坚决不买。

理性消费并不是简单地省钱，也不是让你不消费，甚至为了省钱不得不降级消费，去过低品质的生活。理性消费，是让你花出去的每一分钱都物有所值。

物欲无边，消费有度。学会了理性花钱，除了能减少多余物品带给我们的困扰，从无止境的物欲中解脱出来以外，还能让我们拥有更多属于自己的高质量增值时间，会存钱，更有动力赚钱。

只有精神和物质都富足，才是理想的生活。